中心市街地活性化のツボ

今、私たちができること

長坂泰之 著

学芸出版社

はじめに

二〇一〇年五月、兵庫県伊丹市で第二回の「伊丹まちなかバル」が開催された。一冊五枚綴りのチケットを購入し、まちなかにある飲食店八〇店のうち五店を飲み歩くツアーだ。「バル」とはスペイン語だ。英語なら「バー」、イタリア語なら「バール」となる。この「バル」は、日本では二〇〇四年に函館市で始まった「函館バル街」が最初と言われている。まちの回遊性を高め、店と来訪者をつなげるイベントだ。この日の「バル」では約二三〇〇冊ものチケットが売れ、老若男女、市長も市民も、そして県外からも多くの人が集まり、マップを片手に「次はどこの店にしようか」とみんな楽しそうに歩いている。

「バル」当日、午後四時の伊丹商工会議所の会議室。正午から始まったバルの裏側で、その取り組みについて語る伊丹市役所の綾野昌幸さんや市民ボランティアの村上有紀子さんの話に熱心に耳を傾ける三〇人ほどの集団がいた。地元での「バル」の開催を決めて、先輩伊丹の取り組みを勉強しに来た、滋賀県守山市と和歌山県田辺市で中心市街地活性化に取り組む市民のグループだ。地元でのバルの成功に向けてその顔つきは真剣そのものだ。

一方、中国地方のとある都市の駅前。数年前にまちの顔として市街地再開発事業や各種の補助金を導入して素晴らしい施設を整備したが、その中にあるショッピングセンターの専門店ゾーンには空き店舗が目立つ。また、東北地方のある都市の駅前商店街は人の気配が感じられず、空き店舗対策のチャレンジショップは薄暗く、店内に入るのにも勇気が要る。このように、せっかく補助金や交付金を使ってハコモノを作っても、予定していた集客や売上が達成できなかったり、ランニングコスト（運営経費）が捻出できないなどの理由で事業として成り立たないケースが各地で起こっている。また空き店舗対策で補助金を投入しても、補助期間が終わるとすぐにまた空き店舗になってしまうようなケースが実に多い。このようなことを続けていては、せっかくの税金をいくら投入してもまちは一向に元気にならないし、無駄遣いのツケは全て私たちの子供や孫たちが将来負担することになる。

今、まちづくりの進め方が変わりはじめているように感じる。「まち」が「まち」でしかできないことを模索し始めているように思う。ハコモノ重視ではなく、かつ単なる商店街対策でもない、これまでとは違ったアプローチでまちを元気にする取り組みが全国各地で起こっている。本書では、衰退したまちを活性化させた全国各地の取り組みのなかで、新しい取り組みから時代が変わっても色あせないものまで、是非みなさんに知って欲しい取り組みを紹介しながら、これからの中心市街地活性化において本当に大切なことは何か、そして、今、私たちにできることは何かを、みなさんと一緒に考えていきたい。

本書は専門書ではない。自分たちのまちの中心市街地や商店街の活性化に興味がある、地方の衰退を何とか食い止めたいと思うできるだけ多くの方々に是非とも読んでいただきたいと思って書いた。本書が、皆さんの地域が元気になるよりよい方向を見い出すきっかけになり、まちなか、中心市街地、あるいは地域を少しでも元気にしたいと心から願っているみなさんに少しでも役に立ち、そして、私たちの子供や孫たちが住みたいと思えるまちづくりにつながれば、これ以上の喜びはない。

目次

ツボ7　不動産の所有者を巻き込む　204

序章　「あがら☆たなべぇ調査隊」の取り組み（和歌山県田辺市）

田辺市のまちなかの「昔」

和歌山県田辺市は、紀伊半島の南部にあり、二〇一〇年九月現在の人口は八万二千人と和歌山県第二位の人口を有する都市である。二〇〇五年に周辺の龍神村、中辺路町、大塔村、本宮町と市町村合併し、従来は田辺市ではなかった熊野古道の大半が市域となるなど、古くて新しい観光資源を有することとなった。

往年の田辺市の中心商店街や繁華街は大いに栄えた。南紀最大のまちとして繁栄し、周辺の町村から多くの人たちが買い物に来た。商店街は行き交う人の肩と肩が触れ合うほどだったという。地方のほとんどの中心商店街も田辺市と同じように繁栄した時代があった。中心商店街が「ハレ」の舞台であり、最も楽しく買物ができるところであり、仲間と遊ぶところであり、同僚と杯を酌み交わすところだった。市役所も銀行も総合病院もみんなまちにあるから、まちなかに来て用事を済ませてついでに買い物をして帰るというのが当たり前のことであった。年代で言えば一九七〇年代ぐらいまでが、まちが「まちらしい」時代であった。中心市街地という「箱」の中にみんな納まっていた。

田辺市のまちなかの「今」

田辺市の中心街市街地には今でも一〇の商店街に約五五〇の商店がある。商店街数が一〇を超えるまちといえば、少なくとも昔はかなり栄えていたまちと想像できる。しかし今はお世辞にもにぎやかな商店街とは言えない。また、田辺には味光路《あじこうじ》という立派な飲み屋街がある。新鮮で美味しい魚をアテ（つまみ）にして酒を呑む南紀随一の社交場だ。今でも数百軒の飲み屋が集積しているが、やはり往時のにぎわいがあるとは言えない。

一方で、郊外にある二つのショッピングセンターが元気だ。若者世代は車で便利なショッピングセンターに行って買い物をする。郊外を走る国道四二号線の田辺バイパスのロードサイドにも、家電や衣料、酒の大型店やファミリーレストランがたくさんある。最近は大きな総合病院も郊外に移転してしまったので、まちなかに通院する人も少なくなった。逆に、まちなかに住む人もわざわざバスや自家用車に乗って郊外の総合病院に通院している。

まちに来なくなった理由はこれだけではない。テレビショッピングやネット通販などで自宅から出なくても買い物ができるなど、買い物の選択肢がさらに増え、いつの間にかまちを使う必然性が薄くなってしまった。さらに、商店街の店主が高齢化し、後継者もいない店などは、店そのものの魅力がなくなってしまうなど、店側の問題もあり、空き店舗が発生する状態が続いている。

一年に一回だけ、かつてのにぎわいを取り戻す日

このように、往年のにぎわいからはほど遠い現在の田辺市の中心市街地であるが、一年に一回だけかつてのにぎわいを取り戻す日がある。田辺市の夏の風物詩「ヤーヤー祭り」の日だ。毎年ヤーヤーの日（八月八日）に開催され、もう四〇年近く行われている。駅前、湊本通り、北新町、栄町、銀座、海蔵寺通り、

田辺市中心商店街の普段の平日（左）とヤーヤー祭の当日（右）

アオイ通り、宮路通りの八商店街は、夕方から歩行者天国となり、家族連れやカップル、浴衣姿の人たちがゲームや夜店で夏の夜を楽しむ。この日ばかりは「どこにこんなに人がいたんだろう」と思うぐらい本当にたくさんの人が田辺のまちなかにやってくる。ヤーヤー祭りの夜、まちづくりに取り組み始めた若者が私の隣でつぶやいた。「ヤーヤー祭りのにぎわいの何割かでもいいから、まちににぎわいを取り戻したいなぁ」。

若手の有志グループ「あがら☆たなべぇ調査隊」

話は変わり、田辺には「あがら☆たなべぇ調査隊」（以下「あがら隊」）という、田辺のまちなかのにぎわいと回遊性の向上を目的として活動を行っている若手の有志グループがある。「あがら」とは、田辺市周辺の方言で「私たちの」という意味だ。三〇歳代を中心とした約四〇名で構成する任意組織で、事務局はまちづくり会社である南紀みらい㈱が担っている。田辺市役所からこの南紀みらい㈱に対しては、賑わい創出活動資金として、二〇〇九年度から五年間にわたり毎年一〇〇万円の資金支援が予定され、この資金を活用してまちのにぎわいづくりの活動をするのが「あがら隊」だ。隊長は靴屋の池田周作さん。補佐役の副隊長はカーテン屋の北田健治さんと、洋服店の濱口将拓さんだ。

回遊性向上の視点が重要であることを知り、マップを作る

二〇〇九年の二月のある晩。田辺市内でまちづくりのセミナーが開催された。テーマは「まちの回遊性向上と回遊マップの作成」だ。千葉県柏市でまちづくりを実践していた、かしわインフォメーションセンターの事務局長（当時、現在は㈱全国商店街支援センター事業統括役）である藤田とし子さんを招いてのセミナーだ。私たち独立行政法人中小企業基盤整備機構（以下、中小機構）近畿支部も協力して実現した。藤田さんは柏市で複数のまち歩きマップを作成し、新たなまちのにぎわいを創出することに成功していた。このセミナーで「あがら隊」は、まちのにぎわいづくりには回遊性向上の視点が欠かせないこと、そのためのツールとして手作りのまち歩きマップが効果的であることを知る。

これをきっかけに「あがら隊」の本格的な活動の第一弾としてまち歩きマップを作ることを決めたが、実際には誰も作ったことがない。誰にも頼らずに作ることもできなくはないが、よいものができるかどうか保証もない。南紀みらい㈱で「あがら隊」の活動を支えている尾崎弘和さんから私のところに「この先どうしたらいいか」と相談がきた。答えはひとつだ。「先人から教わろう」。さっそく私たち中小機構近畿支部のまちづくり支援チームに先日のセミナーで講師をした藤田さんも加わり「あがら隊」を支援することになった。柏市でマップ作成に情熱を捧げてきた藤田さんの現場でのアドバイスは熱心かつ具体的だ。役割分担、実施体制、スケジュール管理に加え、マップに盛り込むべき項目から紙面構成まで、微に入り細にわたるまで直接的なアドバイスをしてもらった。藤田さんからのアドバイスは現地でのアドバイスにとどまらない。アドバイスや励ましの言葉は柏に帰ってからもメールでどんどん飛んで来た。

一方で、マップに紹介する内容をどうするか。せっかく作っても中身が貧弱だったら見向きもされない。「あがら隊」の想いはこうだった。「中心市街地の知られざるお店の紹介を幅広く行い、田辺のまちの再発見と、まちなかへ市民や観光客に来てもらうことにより、回遊する人を増やしたい」。この想いをもとに「あがら隊」のメンバーは、仕事が終わってから何度も商工会議所の会議室に集まり、ワークショップを通じて、「まちなかにある扇ヶ浜海水浴場に夏に来る海水浴客や市民に田辺のスイーツを知ってもらうマップを作ろう」という方向性を出した。花とミツバチのように中心市街地にある「甘いもの」で市民や観光客を誘おうという作戦だ。マップのネーミングは、一連の作業を続けるなかで、隊員全員の参加意識や一体感が醸成されていった。「あがら隊」全員で案を出し合い「甘☆夏ＭＡＰ」と決定した。

「あがら隊」のマップづくりのワークショップ

マップづくりの反響と得たもの

続いて、「あがら隊」の全隊員が班に分かれ、対象となるスイーツ店を訪問し、掲載の依頼と取材をスタートさせた。隊員自らが初めて訪れたという店舗も多く、隊員は取材を通じて、自ら田辺のまちの魅力を再発見するとともに、店主とのコミュニケーションや歩くことの楽しさを体感していった。

こうして「甘☆夏ＭＡＰ」は二〇〇九年七月に完成、初版は五千枚を制作し、ＪＲ紀伊田辺駅や駅前にある観光案内所、市役所、扇ヶ浜海水浴場などで配布した。マップを持って店舗を訪れる人々や店舗から

「甘☆夏ＭＡＰ」に対する感謝の声を聞いたり、家族や職場の同僚、友人などとの間で話題に上がるなど、その反響は予想以上に大きかった。

その後、この「甘☆夏ＭＡＰ」は、新聞紙面等に度々紹介されるとともに、ＮＨＫテレビで放映されたこともあり、さらなる反響を呼び、五千枚を増刷した。また同年一〇月に開催された「全国商店街サミット田辺大会」においても、マップや「あがら隊」の取り組みが紹介され、その知名度はさらに上がっていった。隊員たちは、完成したマップの反響を充実した気持ちで受け止めると同時に、自分たちの活動に自信と喜びを深めることとなった。

「あがら隊」の長期的な活動指針と事業展開ビジョンを考える

二〇〇九年度の「あがら隊」の活動は、この「甘☆夏ＭＡＰ」の制作と、やはり回遊性向上のために行った、まちなかにある扇ヶ浜海水浴場でのレンタサイクル事業の二つの事業であった。まず初年度は活動を順調に軌道に乗せるという意味では成功だったが、実は今後五年間の中長期的な活動の具体的なイメージは持ち合わせていなかった。

「あがら隊」は自主的に集まった多種多様なメンバーで構成されており、活動は全て無報酬だ。無報酬で活動する隊員が、今後五年間にわたって気持ちをひとつにして継続的かつ発展的に活動していくには、隊員間で共有される活動の方向性を明確にすることが必要だった。この方向性について、「存在意義と活動指針」「今後五年間の事業展開ビジョン」の二つに分けて、私たちもお手伝いをしながらワークショップで議論を繰り返した。その結果、自分たちの活動指針を次のように定義した。

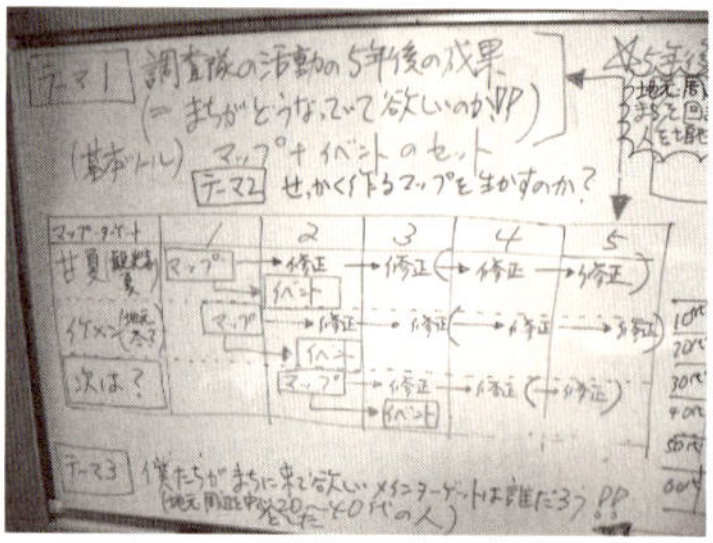

「あがら隊」の今後5年間の事業展開を考える

「あがら隊」の活動指針

「自分たちや住んでいる人しか知らない情報やまちの魅力を調査発掘し、調査隊が自分たちも楽しみながら伝えていくこと」

活動指針を議論し始めたときは、各自ばらばらの意見が出てどんな指針になるのか心配もしたが、まったくの杞憂であった。おそらくこの活動指針は「甘☆夏ＭＡＰ」作成作業を通じて隊員のみんなが実体験するなかで自然に出てきた言葉であろう。先にマップを作成したことで自分達の活動の方向性がイメージできたという意味では、活動指針の策定はむしろこのタイミングがよかった。

「あがら隊」の今後五年間の事業展開ビジョン

あわせて、「あがら隊」の今後五年間の事業展開ビジョンも検討した。最初は自分たちではとても関与しきれないぐらいの大きなビジョンを語る隊員もいたが、大き過ぎるビジョンは実現性が低く、かえって隊員のモチベーションも下がってしまう可能性に気づき、身の丈にあった事業展開ビジョンを策定することになった。ワークショップを通じて隊員が出したビジョンは以下のとおりだ。

「あがら隊」の今後五年間の事業展開ビジョン

地元の隠れた魅力を盛り込んだ手づくりマップを継続して作成し、五年後には何種類ものマップがあり、まちのあちこちで自分たちが作成したマップを手に歩く人が増えている。

頑張れば手に届く、そして実現できれば楽しい風景が目に浮かぶ素晴らしいビジョンである。こうして、今後はこのイメージを隊員間で共有し、マップ作成を事業展開の軸として据えることとなった。ただし、このビジョンを達成するために心配なことがひとつある。それは、車社会の弊害なのだが、隊員自身が田辺のまちを歩いて回るということがなかなかないのだ。隊員であり市民でもある一人ひとりが、田辺のまちを歩き、田辺のまちを知る楽しみを身をもって体験し、まちに愛着を感じることがこれからの活動に最も重要なことである。自らが楽しいと感じたこと、感動したことは他の人にも自信を持って勧められるはずだ。逆に、自らが楽しいと感じないことを人に勧めるのは無理というものだ。

マスコミや口コミの重要性

まちづくりでは、事業そのものを成功させることは当然重要なことであるが、同時に必要な視点はいかに情報発信をしていくかということだ。特にマスコミの活用は重要だ。真面目にそして一生懸命に活動していても、その活動の露出度が低ければ、自分たちのやったことを知ってもらう機会が少なくなってしまう。マスコミによるPRは事業そのもののPRになるのは当然のことであるが、費用をかけずに広告が打てることに等しく、その点からもマスコミの活用は重要だ。自ら作成する広告よりも客観的な評価は何倍も高いと考えていい。加えて自分たちの活動がマスコミに取り上げられたらどんなに嬉しいだろう。実際、田辺では柏の藤田さんにマスコミ活用のアドバイスを受けて以降、「あがら隊」のマスコミへの露出度は大幅に増加した。南紀みらい㈱の尾崎さんはマスコミ活用の重要性を認識し、積極的にマスコミを活用することに成功している。一方、口コミでまず必要なのは自らの「感動」だ。感動したことを伝えることができれば、口コミは伝播していく。そのためには、やはり隊員自らが田辺のまちに出て、自分たちのまちのよさを知ること、そして仲間を増やしていくことが大切だ。

「あがら☆たなべぇ調査隊」に学ぶ中心市街地活性化

「あがら隊」は、二〇一〇年度に、まち歩きマップ第二弾として、イケてる麺'sマップ「イケ☆メンmap」を作るとともに、飲み歩きのイベントである「南紀田辺☆うめぇバル」を開催した。

「あがら隊」の取り組みはどこにでもあるような取り組みかもしれない。しかし、これまでまちづくりに興味があってもどうしていいか分からなかった若者達が、先人からアドバイスを受けつつも、イベント企画会社に外注することなく、自ら汗をかき、足を運び、隊員間で議論をするなど、自分たちの力でまち歩きのマップを作り、「バル」を開催したことが何よりも重要だ。これまで日本各地で、補助金を頼りに大きな予算をかけてイベント企画会社に企画をさせて、参加者数が目標を超えただけで盛況であったと満足していたイベントがどれだけ多かっただろう。そんなイベントよりも、約四〇人の若者が中心市街地に興味を持ち、「甘☆夏MAP」の作製などを通じて主体的に活動するようになったことのほうが何倍も価値がある。

国も地方も財政は非常に厳しい。少子高齢化の時代に入り、これまでのような税金の使い方では行政の収支は回らない。ハコモノがまちを支えるのではない。これまでは商店街がまちのにぎわいを支えてきたが、それも今後は危うい。まちを支えていくのはやはり「人」だ。実際にまちづくりで成功している地域には必ず「人」がいる。右肩上がりの時代には、まちにはリーダーがいなくても、何も苦労をしなくても、みんな幸せに生きていけた。しかし、これからの先行きが見えない時代には、「人」と「知恵」が必要だ。そのためには、私達は次の世代を育成していく義務がある。ハコモノに期待するのではなく、商店街に任せるのでもない、まちを支えていこうとするやる気のある「人」の気持ちを奮い立たせ、その気持ちに火をつける、小さくてもそんなまちづくりがこれからは必要ではないかと思う。

タウンマネージャーの役割

この「あがら隊」の活動に欠かせないのが、タウンマネージャー的な役回りをしてきた南紀みらい㈱の尾崎さんの存在だ。尾崎さんがどのような気持ちで「あがら隊」に接してきたかを聞いてみた。尾崎さんの想いはこうだ。「若手のみなさんをどう熱くしていくか。その熱い想いをいかにカタチにしていくかを念頭に、そのためにどうやっていろんな人と人、人と情報をつなげるかを考えてきました」。具体的には、例えば藤田さんの講演会では、「あがら隊」と藤田さんの出会いの場を作り、知識と刺激とつながりを得ることができた。また、メールを使って、メンバーへの情報提供、メンバー間の連携づくり、意識づくりをしてきた。さらに私たち中小機構と一緒に「あがら隊」の中に飛び込み、「あがら隊の活動の方向性はどうするのか、今すべきことは何か」を徹底的に議論した。また、二〇一〇年一一月に行われた「南紀田辺☆うめぇバル」は、尾崎さんのネットワークを通じて「あがら隊」に提案して実現したものだ。尾崎さんは自分の役割について「仕事を越えて同じ意識を持ちつつ、でも出過ぎることなく、かといって本質を見失うことなく、方向性も自分なりに考えて、控え目に提案しながら、メンバーが動きやすいように裏方として立ち回り、しっかり事務的にサポートする役割」という。

そして最後に尾崎さんはこう言った。「官民多彩で熱い〈あがら隊〉メンバーの気持ちを大事に、みんなで作り上げる楽しさを感じてもらいながら、同時に上の世代や行政など他人に責任を押し付けることなく、自分たちが自分たちのまちを作っていくという自覚が、各メンバーの意識の中で大きくなるように、みんなの取り組みの成果がしっかり評価されることを意識しながら、サポートしていきたい」。

第1部

中心市街地の現状

第1章　なぜ、中心市街地は衰退してしまったのか

1　中心市街地、特に地方の中心市街地の衰退が止まらない（熊本市中心市街地）

いつから中心市街地の衰退が顕著になったのか

日本各地の多くの地方都市の中心市街地の衰退に歯止めがかからない。特に衰退が深刻になったのが、旧まちづくり三法が施行された一九九八年以降であると思う。二〇〇九年度に中小企業庁が実施した商店街実態調査によれば、商店街当たりの空き店舗数は一九九五年の六・八七店から二〇〇九年にはついに二桁の一〇・八二店となった。

旧まちづくり三法は、都市の土地利用規制を行う「都市計画法」「中心市街地活性化法」、それに「大規模小売店舗立地法」（以下、大店立地法）の三つの法律の総称であるが、特に「旧大店法」（大規模小売店舗による事業活動の調整に関する法律）が「大店立地法」に変わったことの意味は非常に大きかった。

「立地」の二文字の加わったことの意味は、一言で言えば、大型店の「出店を調整する」仕組みから、「出店は調整しない」仕組みへ、国の方針が一八〇度転換したことを意味する。わかりやすく言えば、イオンモールなどに代表される大型ショッピングセンター（以下、大型ＳＣ）が出店したい地域に自由に出店で

きるようになったと言える。その結果、「中心市街地活性化」という名称の入った法律を制定、施行したにも関わらず、多くの中心市街地は衰退への道を一気に駆け落ちる結果となってしまった。

その後、国はまちづくり三法を改正し、商業施設を含む大規模集客施設の郊外立地を規制する方向性を示し、中心市街地の活性化に重点を置き始めたが、その規制は地方自治体の自主性に委ねられており、実際には規制は一部の自治体に限られていること、さらに規制をした自治体においてもその後のリーマンショックをはじめとした景気の低迷や地方経済が引き続き冷え込んでいることなどから、残念ながら活性化が実現しているというにはほど遠い状況である。

その結果、全国各地でどのようなことが起きたのか。以前は商都と言われていた鳥取県米子市の中心商店街の一つは空店舗率が約五五％に達したという。通常、空店舗率が一〇％を超えると空店舗が気になりだす。五五％という数字はもはや商店街の姿を成しているとは言えない状況だ。また、関西地方の中核都市の中心商店街も駅前はまだまだ元気であるが、駅から少し離れた商店街や市場では空店舗が目立つ。

特に、以前は百貨店や大型のスーパーマーケットがあったが撤退してしまった都市や、郊外に中心市街地に対して包囲網のように複数の大型ＳＣが出現した都市の中心市街地の衰退が激しい。

生き残りを賭けた郊外での大型ＳＣの争い

中心市街地を取り巻く環境変化を理解するときに、旧まちづくり三法下における熊本市を取り巻く状況がわかりやすいケースだ。二〇〇一年と翌年に地元資本の総合スーパー寿屋とニコニコ堂が相次いで経営破綻した。この地元企業のエンジェルとして寿屋の店舗を承継したのがイオン（本社：千葉）、ニコニコ堂の店舗を承継したのがイズミ（本社：広島）の大手流通業二社であった。その後、この二社が九州の覇権をめぐって熊本県内で終わりなき戦いを繰り広げることとなるのであるが、この二社の争いを「肥後戦争」と表現する人もいる。

「肥後戦争」では、二〇〇四年六月から翌年一〇月までに四つの大型ＳＣが次々とオープンし、先発組の大型ＳＣと併せて八つの大型ＳＣが熊本市中心市街地を包囲することとなった。これら大型ＳＣの商圏は多くの地域で重なり合っていた。

イオン、イズミ双方とも自店・他社競合が発生しているのは明白なのになぜお互いに出店を続けたのか。これについては両社とも同じ答えが返ってきた。「同一企業、グループでも競争原理が必要。それに何もしなければ他社が入ってくる。自社競合をしても他社に取られるよりはいい」。この言葉は、「企業の生き残りのためにはどんな手段でも打つ」ということを意味している。そこには地元の消費者や生活者の視点、あるいはまちづくりの視点が入り込む余地はない。生き残りに負け、閉鎖した大型ＳＣとともに開発された新興住宅地に住む市民は、あきらめるより他にない。そこにある道路や下水道、電気、ガスなどの都市基盤の維持経費は誰がどうやって捻出するのだろうか。郊外の大型ＳＣの撤退は、市民生活に不安を及ぼすだけでなく、将来の都市基盤の維持コストにも影響してくることであり、私たちの子孫にも負担を強いる可能性のある極めて重大な問題なのである。

しかし、ここで忘れてはならない事実は、大手流通業二社はいずれも合法的に出店したということである。先に述べた「都市計画法」「中心市街地活性化法」、それに「大店立地法」のいずれの法も遵守して出店しているのである。

この「肥後戦争」の影響をまともに受けたのが熊本市の中心市街地であった。中心市街地で最も通行量が多い下通商店街の休日の歩行者通行量は、二〇〇六年には最盛期の通行量より約二五％も減少してしまった。郊外の大型商業施設間で熾烈な争いをする中で、中心市街地はその競争から蚊帳の外に置かれてしまった。

これから「郊外」をどうしていくのか

地方都市（三大都市圏以外で人口一〇万人以上五〇万人未満の都市）における中心市街地の総売場面積は、平均約七万六千㎡（二〇〇二年）と言われている。二〇〇五年に熊本市近郊に出店したイオンモール熊本クレアの売場面積が約五万二千㎡である。郊外に出店した大規模ＳＣは単体で地方都市の中心市街地に匹敵するような規模だ。二〇〇八年に埼玉県越谷市にオープンしたイオンレイクタウンにいたっては、店舗面積は何と約二一万八千㎡である。このような商業施設が、ある日突然出店したり撤退したりする状況が昨今の我が国の商業環境なのだ。この状態を放置していて、中心市街地を活性化しようと思っても限界があるのは明白である。このように、日本の多くの地方都市の中心市街地は、郊外vs中心市街地という対立構図のなかで疲弊しきってしまった。いまだに多くの都市ではこの状況から抜け出せないでいる。

2　「まちなか」と「郊外」で増えた「もの」「こと」と減った「もの」「こと」

それでは、都市の郊外化など中心市街地を取り巻く環境の変化によって、まちなかでどのような「もの」や「こと」が増えたのか、または減ったのか、一方、郊外ではどのような「もの」や「こと」が増えたのか、または減ったのか。

私が二〇〇九年度の中小企業大学校関西校の「商業診断基礎研修」で担当した演習を通じて取りまとめた結果から見てみよう。

まちなかで減った「もの」「こと」

まちなかからは、手狭になった市役所などの公共施設や大型病院などが相次ぎ郊外に移転した。併せて、市民ホール、体育館などといった大型集客施設が郊外に移転した中心市街地は、集客装置を失い、当然のごとく衰退していった。学校の廃校や郊外移転も来街者を減らす要因となった。一方、都市の裏の顔とも言える横丁や路地、歓楽街などが、駅前の土地区画整理事業などで整然とした駅前広場に姿を変えるなどして消えていった。その結果、都市の猥雑さや意外性といった要素が失われていった。私と同様に、横丁や路地、歓楽街などの消滅で都市の魅力の一部が損なわれてしまったと感じる方も多いであろう。

住まいは、相対的に戸建住宅、町家などの旧家が減少し、代わってマンションが増えた。交通関係では、車社会が浸透したことにより路線バスの路線や本数が減った。若者の車離れが叫ばれるなかで、これらは今後大きな問題となってくるだろう。

商業面では、中心市街地の百貨店の経営が立ち行かなくなっている。二〇一〇年には京都の最大の繁華街にある阪急河原町店が閉店した。地方の百貨店はさらに苦しい経営が続いている。また、かつて必ず中心市街地にあった総合スーパーの多くは郊外への出店と引き換えに中心市街地の店舗を閉鎖した。これら

土地区画整理で整然とした駅前広場（出雲市、左）と吉祥寺・ハモニカ横丁（武蔵野市、右）

百貨店や総合スーパーと共存していた老舗や魅力的な店舗も、これらの撤退で支柱を失い、徐々に数を減らしていった。

中心市街地の衰退で店舗とともに人通りが激減した。家族連れは郊外の大型SCに買物に行くため、中心市街地で家族連れを見ること自体が少なくなった。人が減れば当然にぎわいや活気も減っていく。負の連鎖である。活気のなくなった商店街には後継者もあまり育たないから、必然的にまちのリーダーや若手が減っていった。中心市街地に住む住民も減るので、子供の数も当然減ることになった。マンションが立ち並ぶことで、ご近所さんとの関係が希薄になった。子どもたちは学習塾や稽古ごとに行くのに忙しく、外で遊んでいる子供を見ることは少ない。昔のように路地で子供が遊んでいる風景やそこに売りに来る豆腐屋のラッパの音はもう過去のものだ。

まちなかで増えた「もの」「こと」

中心市街地の衰退とともにまちなかで増えた「もの」は、シャッター商店街や空き地、空き店舗だ。残念ながらこれらは見慣れた光景になりつつある。百貨店や総合スーパーの撤退で廃墟となった巨大ビルがいまだに空洞の状態で残っている都市もある。一方で鉄道連続立体交差事業や駅前の土地区画整理事業、あるいは中心市街地を貫く都市計画道路などにより、良く言えば整然とした、悪く言えばどの市街地も同じような顔の駅前が出来上がってしまった。商店街の空き店舗は店舗としては埋まらず、代わって子育て支援施設や障害者関連のＮＰＯの事務所などが入ることが増えた。住宅関連ではこれまではあり得なかった中心市街地の一等地にマンションが建つ時代になった。路線バスの廃止、減少や飲酒運転の撲滅運動の成果から、自動車運転代行業が増えた。加えて、中心市街地の衰退とともに夜の顔である歓楽街も寂れていった。ネオンサインのない歓楽街ほど怖いところはない。

商業面から見ると、まちには特定の業種が増え、商店街はその顔を変えていった。一言でいえば物販業商店街からサービス業商店街への業態の変化が起きている。最近、中心市街地で目につく業種は、コインパーキング、美容室、マッサージ、ネットカフェなど、どれもサービス業だ。

一方、まちなかで増えた「こと」は、どれを取ってみてもあまりいいものはない。シャッター商店街や廃墟となったビルが増えたが、そこからは寂れたイメージしか出てこない。特に衰退の激しい中心市街地は人々のやる気まで削いでしまう。あきらめムードが漂ってくる中心市街地も少なくない。朝夕は通勤通学のサラリーマンや学生を見かけるが、昼間の商店街ですれ違うのはほとんどがお年寄りだ。中心市街地では独居老人のことも心配ごとのひとつである。以前は商店街から売り子の元気のいい声や、客と店主との会話が聞こえてきたが、今は商店街を歩いている人がいても携帯でメールをしていたり、イヤホンで音楽を聴いていたり、黙々と学習塾に通っていたりと、どこからもにぎやかな声は聞こえてこない。商店街自体がサイレントモード（消音状態）になってしまった。

郊外で減った「もの」「こと」

郊外で減った「もの」「こと」は、開発で失われた日本の田園風景だ。一度失った田園風景を取り戻すことは容易ではない。この一〇年で郊外に大型ＳＣがどれだけできたであろうか。その全てが生き残ることはできない。果たして廃墟となった大型ＳＣの跡はどうなるのであろうか。大型ＳＣのできた影響は田園風景の減少のほかにもうひとつある。それは、地域の小規模なエリアを商圏としていた近隣のミニスーパーや個人商店と言われるような店舗の経営が立ち行かなくなったことだ。大型ＳＣの出店した地域ではほぼ消滅してしまった。高齢化、過疎化した村落には欠かせない地域の台所がなくなってしまった。その結果いわゆる「買物難民」が増えた。一方、郊外では、自然が少なくなった結果、人々と自然との触れ合いが圧倒的に減ってしまった。

和歌山市の中心商店街

郊外で増えた「もの」「こと」

郊外で増えた「もの」は、まちなかで減った「もの」の裏返しだ。市役所などの公的機関、大型病院、市民ホール、体育館など大型集客施設は大規模な駐車場を用意しているので車で行くには何の不便もない。駅前から郊外へのバスも出ている。ただし、これらが中心市街地にあればたいていの市民はバスを乗り換えることなく行けたが、バスを乗り継がないと郊外にある施設に行けない市民もいる。高校や大学が郊外に移転したことで、中心市街地はだいぶ寂しくなった。高額の買物をしないとはいえ、若者のいるまちとそうでないまちは華やかさが全く違う。なくなって初めて気づくことが実に多いが、後の祭りだ。住宅は、郊外にニュータウンや新興住宅地ができたが、首都圏など一部を除いて今後はこれらのニュータウンや新興住宅地はどうなっていくのだろうか。競争に負けた郊外の大型ＳＣとともにとても心配だ。中心市街地vs郊外の大型ＳＣの構図の中で見過ごされがちで、かつ欧州ではあまり存在しないロードサイドは、新陳代謝が激しいが、わが国では依然として商業機能において一定の役割を果たしている。もう一つ郊外で増えた「もの」として、便利で快適な高速道路網やバイパスがある。特に高速道路網の整備は地方都市の買物客をより大都市に吸引する「ストロー現象」を引き起こすことから、地方都市にとっては脅威となっている。市民にとっては便利になった高速道路網は、地方経済を致命的な状況に陥らせる危険性を内包している。

一方、郊外で減った「こと」と同様に郊外で増えた「こと」もほとんどない。急には思いつかないということかもしれないが、考えないと出てこないということもまた真実である。あえて言えば、郊外に大型ＳＣができたことで、これまでは中心市街地に買物に来ていた家族連れが郊外に行くようになった。若い家族連れは広い郊外のＳＣを元気よく歩くことができるが、子供や孫に連れて来てもらった高齢者たちは、あまりの広さに歩く気力さえ起きない。高齢者にとって大型ＳＣは居心地のいいところではないようだ。

今後の活性化の方向性を考える糸口

郊外にこれだけ様々な都市機能が移転し、あるいはいまだに新たな大型ＳＣが出現しているなかで、中心市街地に以前のようなにぎわいを求めるのは無理な注文である。しかし、まちなかと郊外で増えた「もの」「こと」、まちなかと郊外で減った「もの」「こと」から中心市街地の果たす役割や可能性がいくつか見えてくる。

一つめは、多くの「もの」は郊外に移転してしまったが、「こと」はあまり移転していないのではないかということである。郊外に移転した「こと」は、週末の買物や飲食が中心であって、それ以外の「こと」は必ずしも郊外では役割を十分には担っていないということである。

郊外の主なターゲットは、週末に車で買物や飲食をするファミリー層と平日にやはり車で日常の買物を済ます主婦層だが、これ以外の学生や勤労者などにとって郊外は必ずしも使い勝手がいいとは言えない。では、今の中心市街地がこれらの者にとって使い勝手がよいかと聞かれたら答えは「ノー」である。しかし、週末の買物や飲食という役割は多くを郊外に譲ってしまったが、それ以外の「こと」については、中心市街地が役割を担える可能性は十分に残されている。

では、郊外の主なターゲット以外に対して、どのような役割が担えるだろうか。郊外はあくまでも大手小売業から与えられた、お膳立てされた、金太郎飴的な楽しみであって、そこに熱く深い感動やはっとするような驚きや心が浮きたつような愉快さはない。一方、まちにはこういった大手資本にコントロールされない愉しみがあちらこちらに転がっている。埋もれて見えないものもあるが、掘り起こせばまだまだたくさんの愉しみがある。これからのまちは、このような感動や驚きや心が浮きたつような愉快さといった、郊外にはできない「こと」を担っていくことが存在価値の一つではないかと思う。これが一つめの可能性である。本書では事例として取り上げていないが、大阪市中崎町のコモンカフェの取り組みなどはこれにあたる。

二つめは、一つめの可能性の続きだ。「こと」（＝行動）は必ず「人」が起こすものだということだ。今、地方の中心市街地はサイレントモード（消音状態）に陥っているが、私たちが中心市街地に期待するのはサイレントモードではないはずだ。単に売り手と買い手の会話ではなく、買物以外の人と人との出会いや交流がはじまり、笑い声や楽しい会話が聞こえてくる。こんな中心市街地が行ってみたい中心市街地ではないだろうか。規模は問わないから、中心市街地をそんな私たちが幸せを感じる「こと」をちりばめた魅力的な空間にできないか。その「こと」を起こすのは「人」だ。「人」が主役の中心市街地にできないか。それが二つめの可能性である。

最後は、商店街に物販業商店街からサービス業商店街への業態の変化が起きたことである。これまで商店街は業態変更などできないものだと考えられてきた。皮肉に取られてしまうのは覚悟のうえだが、好むと好まざるとに関わらず結果的には商店街の業態変更が行われた。これは、時代の変化に応じて商店街が変わることができる可能性を示しているといったら嘘になるだろうか。これが三つめの可能性である。

以上はあくまで、まちなかと郊外で増えた「もの」「こと」、まちなかと郊外で減った「もの」「こと」から言える可能性である。第2部以降の事例から、さらに様々な可能性を示すことができればと思う。

3　中心市街地・地域商業が崩壊した原因は何か

「中心市街地」と「郊外」では、多くの失った「もの」「こと」、そして増えた「もの」「こと」があった。なぜこのような現象が起きたのか、特に中心市街地・地域商業が崩壊した原因は何であったのかについて、その地域や中心市街地以外に原因があると思われる「外部的」な要因と、その地域や中心市街地そのものに起因すると思われる「内部的」な要因に分けて整理してみたい。

外部要因①　大店法の廃止とまちづくり三法の制定

一九九〇年代からこれまでの約二〇年近くの間に中心市街地はこれまでにないほど衰退してしまった。中心市街地の衰退が世界中で同時に起きている現象であれば、わが国だけの問題ではないと言って諦めがつくかもしれない。ところが、第2章で紹介する英国では、衰退していた中心市街地の多くが再活性化を実現している。わが国と英国では何が違うのか。まずはわが国のこれまでの中小商業、中心市街地活性化政策から考えてみたい。

わが国では、一九八九年から翌年にかけて日米の貿易不均衡の是正を目的として開催された日米構造協議で、米国側から「大規模小売店舗における小売業の事業活動の調整に関する法律」（以下、「大店法」）の撤廃要求があった。米国は日米の貿易不均衡の要因の一つが商業の出店調整を行う大店法であると考えたのだ。その結果、一九九一年に大型店の出店を調整する役割を担っていた商業活動調整協議会（商調協）が廃止され、これ以降、大店法の運用は大幅に緩和され、各地で大規模なショッピングセンターの進出が加速し、その後一九九八年の世界貿易機関（WTO）の勧告により大店法は廃止されることになった。

一方、国は大店法廃止などの影響による中心市街地の衰退に対する危機感から、同年まちづくり三法（都市計画法の改正、中心市街地における市街地の整備改善及び商業等の活性化の一体的推進に関する法律［以下、旧中活法］、大規模小売店舗立地法［以下、大店立地法］）を制定し、大店法廃止の影響を最小限度に食い止めようとした（なお、大店立地法は二〇〇〇年に施行）。

しかしながら、大店立地法が大店法のような商業調整ではなく、駐車場の確保や騒音、ゴミ対策など環境面に配慮すれば出店が可能であることから、事実上郊外への出店の規制が撤廃されたに等しく、郊外への大型ＳＣの出店は増加の一途を辿った。当然米国をはじめとする海外資本の大手小売業者も多数日本に上陸したが、これに負けじと国内の大手小売業者も郊外への出店を重ねた。小売業の売場面積は大幅に増加したが、そのほとんどは郊外であった。

この間、旧中活法により全国の六〇〇ヶ所を超える地域で中心市街地活性化基本計画（以下、基本計画）が策定されたが、多くの中心市街地が悲惨な状況に陥ってしまった。特に一九九八年からの一〇年余りを「失われた一〇年」という専門家もいる。それほどに中心市街地は衰退してしまった。人口が増加しない時代に突入したにも関わらず、大店法が大店立地法に変わったことにより、売場面積だけが大幅に増えたわけだから、日本の商業は過当競争時代に突入し、結果的に中心市街地も郊外も効率の悪い経営を余儀なくされることになった。なかでも、売場面積で競争ができず、無料の駐車場の確保が困難で、かつ店舗としての鮮度が低い中心市街地の百貨店や商店街の店舗の競争力は大幅に低下し、中心市街地の衰退に拍車をかけたのであった。

外部要因②　昔と同じようなワクチンの投与

一方、総務省は二〇〇三年に、二〇〇〇年以前に基本計画を策定した一二一市町に対して、中心市街地活性化の状況について調査分析を行った。その結果、大半の市町で人口、商店数、商品販売額、事業所数及び従事者数の数値がマイナスであり、中心市街地の活性化が図られている市町は少ないという結論に至り、関係各省に監査結果に基づく勧告を行った。事実、一九九八年のまちづくり三法制定以降、中心市街地活性化に対する予算額は大幅に増えたが、例えば商店街の空き店舗対策では、補助がなくなった途端にまた空き店舗に戻るといったような事例に代表される対症療法的な事業が多く、効果は限定的だったと言わざるを得ないケースが数多く見られた。郊外への出店調整をしている時代の活性化事業をそのまま実施していたのでは効果が出ないのは当然である。中心市街地を取り巻く環境や中心市街地の症状が変わっているのに、昔と同じようなワクチンの投与では効くはずもなかった。

外部要因③　子孫にツケを回そうとする大人たち

人口減少社会に突入したわが国は、首都東京を除き今後高齢化と人口減少が加速すると言われている。このような状況下では、これ以上郊外開発を続けることは、仮に整備する時点でその費用を捻出できたとしても、維持コストをどこから捻出するのか考えた時に無理があるのは自明の理だ。右肩上がりの時代であれば次の世代が当たり前のように負担をしてくれたのであるが、これからの時代はそれは見込めない。ただただ将来にツケを回すだけの開発は自分たちの子孫を困らせるだけである。もうこれ以上郊外に市街地を拡散させてはいけないし、その必要性もほとんどないのである。この子供でもわかるようなことを無視して、一部の大人が無用と思われる郊外開発を依然として続けようとしている。彼らは短期的な視点しか持ち合わせていないと言わざるを得ない。私たちがまずもって考えなければいけないのは、自分たち大人は、子供や孫たちを困らせるようなことだけはしてはいけないということだ。

各地のLRT（左から鹿児島市、英国のノッティンガム市、クロイドン市）

外部要因④　公共交通機能の衰退

わが国は、長年、自動車対応型社会を念頭に様々な施策を推進してきた。その結果、まちの郊外化が進み、路面電車が多くのまちで廃止された。路面電車が存続している都市でも自治体は利益を追求しようとしているから路面電車はお荷物的な存在である。路線バスも同様に赤字路線は次々と便数減少や廃止に追い込まれている。一方、欧州の多くのまちで路面電車や路線バスなどの公共交通が整備されているが、基本的には公共交通は利益の出る事業ではないという認識が根底にあるから運営経費は自治体の負担と聞く。なかには英国のノッティンガム市のように新たにＬＲＴ（次世代型の路面電車システム）を整備した都市もある。

高齢化社会に突入している日本では、今後は公共交通手段の確保が重要な政策となる可能性が高いが、単に公共交通機能の整備をするだけではだめだ。郊外に拡散した公共公益施設、都市福利施設・病院等の集客施設を中心市街地に集約する視点がなければ利用者は増えない。集約することによってはじめて公共交通手段を使うことの必然性が出てくる。コンパクトシティと公共交通手段の整備はセットで議論されるべきものである。

なお、公共交通については、京都府京丹後市の丹後海陸交通の取り組みが秀逸だ。最大一一五〇円のバス運賃を上限二〇〇円とした結果、約五年間で乗車人員が二倍以上になった一方で、行政からの補助は二〇％以上軽減した。行政に頼るコミュニティバスは最後の選択肢だ。その前にできる努力、工夫があるということを丹後海陸交通の取り組みは教えてくれている。

内部要因①　公共施設や医療施設、福祉施設などの郊外移転

自治体自身が、公共施設や医療施設、福祉施設などを郊外に移転させてしまったことは中心市街地を衰退させた大きな要因である。もともと市役所や寺院、病院、銀行などの集客装置があって、その周辺に商業が張り付いて中心市街地を形成してきた歴史を見れば、これらの集客施設が郊外に行ってしまっては、中心市街地の商業は生きていけないのである。わかりやすいのが市役所や県庁の周辺に形成された歓楽街である。市役所や県庁が郊外に移転してしまった跡の歓楽街の多くはゴーストタウンと化している。

内部要因②　従来の延長線上の中小商業支援に終始した地元自治体

国と同様に従来の延長線上の中小商業支援に終始してしまった各自治体の中心市街地活性化策も課題が残る。私自身も地方自治体とともに中小商業支援をしてきたので、反省すべき点が多々ある。中小商業支援だけでは活性化は限界があることをわかっていながら長年政策を続けてきてしまったことは否めない事実である。やはり後述する青森市のように、「コンパクトシティ宣言」をして都市計画と連動した大胆な政策を展開するぐらいでないと政策の効果が限定的にならざるを得ない。

内部要因③　変化に対応できなかった商店街・商業者

商店街のことについては、第2章でも述べるので、ここでは簡単に触れたい。私は「繁盛している商店

街」が四〇%を切った一九七〇年代から一九九〇年代までが商店街や中心市街地の商業者にとってぬるま湯の時代であったように思う。同様に私たち支援する側もそうであったかもしれない。「何もしないでも商品が売れる時代に、プロの商業者が減ってしまった」と言う専門家もいる。そして一九九〇年代から二〇〇〇年代にかけて大型ＳＣの郊外出店が予想をはるかに超えるスピードと規模で押し寄せてきた。危機を予期できていなかったから、その被害は甚大なものとなってしまった。ただし、これを商店街のせいだけにするのはあまりにも酷である。なぜなら商店街だけでなく、大企業である百貨店も同様にこの大波に呑み込まれ苦しんでいるからだ。

内部要因④　商店主の持つ「商業者」と「地権者」の二つの顔

わが国の場合、中心市街地にいる地元商業者の多くが店舗と土地を所有している。この地元商業者が商売を廃業したときに、店舗を第三者に賃貸できるかどうかということが、空き店舗を発生させないという意味で、その地域の商業的な魅力の維持に大きく影響してくる。特に建物が住居兼店舗である場合に賃貸することは容易ではない。そもそも賃貸することを想定して建てられていないから貸すに貸せないのである。これは物理的な制約だ。一方、精神的な理由から賃貸を拒むケースもある。「この土地は先祖伝来の土地であるから他人には貸せない」と言ったような理由だ。こうなるともう理屈ではない。

いずれにしても、わが国の中心市街地の場合、欧州とは異なり、中心市街地の一階部分は必ず店舗として利用するという意識は低い。この意識の低さが、空き店舗をそのまま放置したり、建物を壊してコインパーキングにしたり、一階部分が店舗のないマンションになることを容認してしまい、その結果商業として連続性がなく魅力のない通りとなってしまっている。

内部要因⑤　土地の権利関係の複雑さ

中心市街地の衰退に関し、中心市街地に内在する問題として、土地の権利関係が錯綜していることが挙げられる。郊外は、中心市街地と比べて土地の権利関係はそれほど複雑ではない。仮に複雑であったとしたら、他にいくつかある候補地に出店先を変えればいいだけの話だ。しかし、中心市街地はそうはいかない。限られた土地で事業をしようとしても、多数の地権者がいて合意形成に手間取ることが多い。小規模な事業を実施する場合にも、土地の権利関係を調整することができずに頓挫することが多々ある。

内部要因⑥　市民にその必要性が浸透していない

そもそも市民のなかに「中心市街地活性化は商店街支援である」とか、「中心市街地活性化は私たちには関係のない話である」という声が多く聞かれる。また「郊外の大型ＳＣに行けば何でも揃うから中心市街地なんかいらない」と考えている市民が多いのではないかと思う。こういう意識にさせてしまったのは、行政が市民に対して中心市街地活性化の必要性を十分に理解してもらう努力をしていないことが一因だ。

一言でいえば、「コンパクトなまちづくりに取り組むということは、自分たちの子孫にツケを回さない政策を推進することである」ということを行政は明快に市民に示す必要がある。コンパクトなまちづくりは短期的な視点では説明できない。長期的な視点から市民に政策の重要性を理解してもらうことが大切だ。

ただし、相変わらず従来どおりの商店街対策などで功を奏していない状況では、市民はいくら正しいことを言っても納得しないであろう。市民に納得してもらうためには、小さくてもよいから活性化の成果をしっかりと出していくことが最も効果的な説得材料である。

4　中心市街地活性化基本計画認定地域のその後

数値目標の達成状況から見る

二〇一〇年十月現在、全国で九七自治体、一〇〇地域が中心市街地活性化基本計画（以下、基本計画）の認定を受けているが、このうち中心市街地の活性化が実現できた地域は果たしていくつあるのだろうか。データとして一番把握しやすくわかりやすいのが、数値目標（目標指標）の達成状況であろう。基本計画を作成するに当たっては、五年後に達成しようとする数値目標を設定し、自治体自らが事業の取り組みの進捗状況や数値目標達成をフォローアップすることになっているからだ。以下で、二〇〇九年度のフォローアップの結果から基本計画認定地域の中心市街地の状況を見てみたい。二〇〇九年度は五四の市が五五地域の基本計画についてフォローアップを行った。五五地域の基本計画には一八二の目標指標が採用されている。

その結果、目標達成の見通しでは、一八二の目標指標のうち、半数以上の九三が目標の達成が可能としているが、現状は評価対象外を除く一六五の目標指標のうち、半数以上の八四が基準値よりも悪化しているとしている。デフレ経済下で家計の所得額や可処分所得が減少していることに加え、多くの地域がリーマンショックで特に民間事業が予定していた時期に実施できないことなどにより、数値目標を達成するハードルは高い。

数値目標を達成するとにぎわいの再生が実現できるのか

一方で数値目標が達成された地域でにぎわいの再生が実現できているかと言えば、その答えは「ノー」だ。そもそもここに大きな矛盾がある。本来は目的を達成するための目標であるはずだから、目標が達成されたらにぎわいが戻るのが当たり前であるが、そうはなっていない。なぜ我が国はこういう状況に陥ってしまったのだろうか。

原因は二つ考えられる。一つは目標の設定自体の問題だ。そもそも数値目標の達成＝にぎわい創出という図式になっていたかということである。もともと数値目標の設定が低ければ、それを達成してもまちは活性化していないという状況が起きうる。各自治体にそうさせている要因が二つめの原因である。それは、これまでにも再三述べてきたように、郊外規制が徹底できていないことだ。全てが郊外ではないが、二〇〇九年度の全国の大店立地法の店舗新設の届出件数は五〇〇件にのぼる。二〇〇三年度から二〇〇七年度の五年間は七〇〇件台で推移したので、若干減ったが、それにしても都道府県平均一〇件以上の新設店舗ができている勘定だ。依然として隣接する市町村に大型ＳＣが出店する可能性が否定できない現在の状況では、高い数値目標を設定するのは各自治体にとってあまりにもリスクが高い。高い目標を設定して、その目標に向けて最大限の努力をしても、ある日突然周辺市町村が大型ＳＣを誘致したら、その途端に数値目標をクリアすることはほぼ不可能になる。この状況では数値目標は自ずと慎重な数字にならざるを得ないのである。

第2章　では、私たちはどうすればいいのか

1　私たちでは解決できないこと（外部要因）　避けて通れない国レベルの郊外規制

国は改正まちづくり三法において、基本計画の認定にあたって地元自治体に土地利用の規制を条件として付した。具体的には準工業地域を特別用途地区（都市計画法に定める地域地区のひとつで、地区の特性にふさわしい土地利用の増進、環境の保護等の特別の目的を実現するため、用途地域を補完して定める地区を言い、その制限内容は地方公共団体がそれぞれ条例で定める。なお用途地域は、住居専用地域や商業地域、準工業地域、工業地域など一二種類ある）に指定することなどにより、一万㎡以上の大規模集客施設（商業施設を含む）の立地を規制する地域に支援を集中するというものだ。実質的に郊外の土地利用規制が初めて導入されたことは方向としては望ましい。ただし、第1章でも述べたように、周辺の市町村に大型ＳＣが出店したら、その途端に基本計画の認定時に定めた数値目標の達成は難しくなる。

この点に関しては、福島県や岩手県などが県単位で広域調整に関する条例を制定しているが、例えば福島県に隣接する県の市町村が大型ＳＣを誘致したら、その途端に福島県の市町村は痛手を被ることになってしまう。市町村間で利害関係が異なる事柄については都道府県で調整をすればよいが、都道府県間でも

利害関係が生じる事柄については、国が統一的に方針を決定するより選択肢がない。何より正直者が損をしないようにすることが大切だ。

規制の必要性については、自治体の数からも考えてみたい。二〇一〇年十月現在、全国の自治体は一七二七ある。一方で、基本計画認定地域は同じく二〇一〇年十月現在、九七の自治体一〇〇地域であるが、このうち三大都市圏（東京都、埼玉県、千葉県、神奈川県、愛知県、京都府、大阪府、兵庫県、奈良県）の認定地域は、準工業地域を特別用途地区に指定する必要がないために、当該都府県で基本計画の認定を受けている一四自治体を除外すれば、全国で八三の自治体が準工業地域を特別用途地区に指定しているに過ぎない。面積ベースではわからないが、自治体数の比率で言えばわずか四・八％である。準工業地域のない自治体があるので単純には言えないが、この数字から見れば、我が国は郊外規制をしている国だとはとても言えない。わずか四・八％の自治体が中心市街地活性化のために郊外規制をしても、わが国ではコンパクトシティ構想は実現しないのである。本当に中心市街地を再生しようとするのであれば、残り九五％強の自治体の郊外規制をどうするかを真剣に議論する必要がある。

2　先進事例の英国の取り組みから学ぶ　政策とタウンセンターマネジメント

上述のように、わが国が中心市街地のコンパクトシティ化を実現するためには、もはや郊外規制は避けて通れない。バケツの底に穴が開いているような状態でどれだけ中心市街地活性化と叫んだところで、その効果は限定的にならざるを得ないのは火を見るより明らかなことだ。

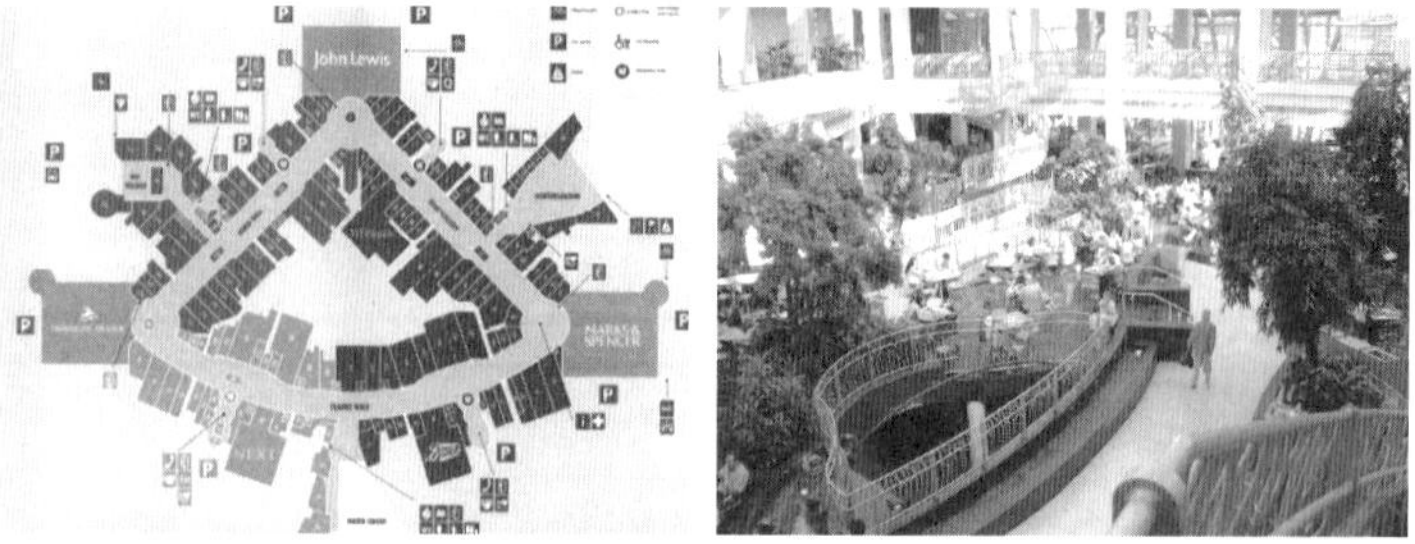

郊外に立地するブルーウォーターSC（英国）の全体レイアウトとSC内の風景

一方、わが国が改正まちづくり三法でお手本にしようとしたのが英国の中心市街地活性化の取り組みである。わが国よりも早い一九八〇年代半ばに中心市街地が衰退し、その後、郊外の土地利用を規制する方向に政策転換を図ったことにより、多くの中心市街地が再生している。それも地方の小規模都市でも中心市街地の再活性化が実現している。以下ではわが国の中心市街地活性化に参考となると思われる英国の取り組みについて簡単に触れたい。

英国も規制緩和策により中心市街地が衰退

英国では、一九八〇年代のサッチャー政権時代に中央政府の規制緩和政策が実施され、従来の都市計画プランと矛盾するような郊外小売業の出店が認められるケースが出てきた。その結果、既存中心市街地は急激に衰退してしまった。しかし、実は郊外への大型店舗の出店は、当時は多くの地方自治体が望んでいたことであった。その理由は、ひとつには、大規模な中心市街地を持っていない市町村は、新しい郊外開発を認めることによって、その市町村の小売機能を強化できると考えたのだ。もうひとつは、その市町村がもし郊外への出店を拒否すれば、大型店舗は周辺の市町村に出店してしまい、結果的にその市町村の既存中心市街地にも影響を与えることを恐れたのだ。その結果、多くの地方自治体が自ら郊外に大型店舗を誘致することとなった。

小売業の市場原理に任せておくことはできない

そもそも、英国の地方自治体の土地利用政策は、小売業全体の成長を管理する方策と、大型店の新規出店場所を制限する方策によって、一九六〇年代から小売業に大きく介入してきた。土地利用計画を事実上運用している自治体のプランナーが、「小売業の市場原理に任せておくことはできない」という強い信念を持っていたからである。

したがって、県単位で作成するストラクチャープランは、計画地域内には小売店の階層秩序が厳然として存在するという前提に立って作成されている。都市の買い物中心地にはいくつかのグループがあり、そのグループの間には階層性が存在するというのがその考え方である。より高次な中心地は商圏が広く、買い回り品や専門品を多く販売し、より低次な中心地は最寄り品を中心に販売する。低次の中心地の商圏は、より高次の中心地の商圏に包含されるという考え方である。その最上位が中心市街地であることは言うまでもない。

郊外開発規制の方向に大きく転換

一九八八年に出された計画方針ガイダンスPPG6（Planning Policy Guidance 6）「大規模小売開発」で、政府は中心市街地に大きな影響を与える大型店の郊外開発の規制を強める方針に転換した。具体的には、総床面積二万㎡以上の大規模小売開発業者（以前、小売目的以外の開発が行われていた都市市域では一万㎡以上）は必ず周辺小売業への影響調査報告書を自治体に提出しなければならないという手続きを導入したのだ。

一九九三年には、さらに踏み込み、中心市街地に与える重大な「経済的、社会的、環境的影響」に関して提言を行った。具体的な内容は以下のとおりである。

①既存の買物中心地区及び既存の買物郊外地区を維持し、再活性化すること。そのためには、これらの場所で開発が行われ、快適さと競争力が強化されなければならない。

②地元で最寄り品の買い物をするよう奨励すべきである。そのためにはこれらの買い物地区への出店を促進して魅力を増進し、徒歩や自転車で買い物ができるアクセスの良さを確保しなければならない。

グレイブスエンドの中心市街地

③大型店の出店に適当な場所が中心市街地にないときは、そこから歩いてすぐの街外れに立地すべきである。また、その場所はバスなどの公共交通を含む多様な交通手段が利用できなければならない。

④買い回り品が中心市街地以外やロードサイドに疎らに出店しないようにしなければならない。

⑤新しい大型店が出店する場合、可能ならば店舗に住宅が併設されていることが望ましい。

民間主導のタウンセンターマネジメント——中心市街地を一つのＳＣのようにマネジメントする

英国は政策面での失敗を軌道修正して多くの中心市街地の再生を果たした。政策面の素早い方向転換とあわせて、英国の取り組みのもう一つのポイントは、民間によるタウンセンターマネジメント（ＴＣＭ、わが国ではタウンマネジメント）の仕組みの導入である。これは企業の経営のマネジメント手法を中心市街地の経営に導入しようとするものだ。以下では、我が国よりもタウンセンターマネジメントの導入で成果を上げている英国のTCMの取り組みについて見ていくこととする。

英国のTCMは、中心市街地の中に民間の大手小売業が用いているマネジメントのロジックを適用しようとする試みである。一九八〇年代後半にマークス&スペンサー（M&S）やブーツなどの先進的な大手小売業者により提唱されたものだ。その概念を一言で言えば、「中心市街地を一つのショッピングセンターのようにマネジメントする取り組み」だ。具体的には、健康診断→SWOT（強み・弱み・機会・脅威）分析→ビジョン・戦略策定→ビジネスプラン策定→アクションプラン策定→点検・評価の仕組みを導入した。そして、市町村の作成するプランに基づき、活性化事業のコーディネートをするのがタウンセンターマネージャーといわれる人材だ。

タウンセンターマネージャーは都市計画から小売商業までの幅広い守備範囲を受け持つ

英国は、中心市街地の衰退によって商業機能が衰退したことはもちろんだが、それ以上に深刻だったのが人通りの減った中心市街地で犯罪が増加したことだった。したがって当初TCMに期待されたのは、防犯、安心・安全対策だった。TCMは市街地整備にかかるこれらの喫緊の課題を解決したうえで、徐々に、空き店舗対策やテナントリーシングなどの商業面の事業も実施していった。

なぜ都市計画分野から小売商業分野まで幅広い業務をTCMが行えるかといえば、それは先に述べたように、英国には「都市計画による小売商業政策」という政策の枠組みがあるからだ。英国は、わが国のように都市計画政策と商業政策が分かれていない。だからTCMの事業も、中心市街地の川上から川下まで事業を縦串で展開することに何ら違和感がないのだ。

英国から学べること①　中心市街地衰退の歴史は日英共通

以上、英国の中心市街地活性化の取り組みを簡単に見てきたが、この結果、英国では中心市街地がどのように変わったのであろうか。そしてわが国では英国のような取り組みは可能なのだろうか。英国の取り組みのポイントを整理しながら考えてみたい。

中心市街地の衰退の歴史は、年代こそ異なるが、英国と共通の部分が多い。英国では、一九八〇年代のサッチャー政権時代に中央政府の規制緩和政策が実施され、従来の都市計画プランと矛盾するような郊外小売業の出店が認められるケースが発生し、その結果、既存中心市街地は急激な衰退に陥った。わが国も二〇年ほど遅れて二〇〇〇年に大店法から大店立地法に法律が変わってから一気に中心市街地の衰退が加速した。衰退した中心市街地を再生するために、土地利用の規制緩和から規制強化へ方針を転換したのも共通である。ただし、英国は国レベルで郊外への大型商業施設の出店を原則ストップしたことから、大型店が自らの生き残りのために、中心市街地に出店するようになった。ここで注目しなければならないのは、大型店は中心市街地活性化のためにまちなかに出店したのではなく、郊外に出店できなくなったために自らの生き残りのために中心市街地に出店したということだ。繰り返しになるが、わが国では基本計画認定地域においてのみ郊外の出店はストップしたが、その他の地域では郊外に出店できる余地がある。バケツの底に空いた穴を塞ぐ（郊外規制を強化する）ことは困難を伴うことではあるが、英国では実現できたことからすればわが国でも決して不可能なことではない。

英国から学べること② 都市計画による小売商業政策

わが国と全く異なるのが「都市計画による小売商業政策」という概念だ。英国は都市計画と小売商業政策を一体で展開している。この「都市計画による小売商業政策」という言葉がわが国には新鮮だ。わが国の地方自治体レベルで言えば、都市計画部門が小売商業政策も所掌するということだ。国レベルで言えば、都市計画を所管する国土交通省が経済産業省の小売商業政策も所掌するということになる。わが国では想像しにくい「都市計画による小売商業政策」という言葉だが、先ほどの英国の自治体職員の「小売業の市場原理に任せておくことはできない」というコメントを聞くと少し理解ができる。というのも、第1章で紹介した熊本市の郊外で展開されている大手小売業の生き残りを賭けた争いを見ると、彼らの行動はとても冷静な判断とは思えないからだ。小売業の市場原理に何らかの規制を設けない限りは、秩序ある土地利用や市街地形成はほぼ不可能であることが熊本市の例などからわかる。商業に競争の原理は必要だ。ただ、競争する場所はどこであってもいいかといえばそうではなく、国土の保全や既存中心市街地の維持（単に商店街の存続というレベルではなく）などとのバランスを考えたうえで競争する土俵を用意すればいいのだ。具体的には英国のように中心市街地という土俵で競えばいいのである。

英国から学べること③ 計画の厳しいチェックと骨太の補助金

二〇〇六年に中心市街地活性化に関する調査で英国を訪問した際に、英国では活性化計画に対する厳しいチェックと骨太の補助金の運用があると聞いた。具体的には、補助金は各省庁の予算を一本化することにより骨太の予算が実現し、ダイナミックな事業を展開することができるという。補助期間は最長五年と長期の活用が可能だ。一方、活性化プランはコンペ方式でその中身を評価していく。実効性の高いプランが優先的に採択される仕組みで、かつ骨太で長期の予算を獲得できるから、各自治体も真剣に活性化プランを作成する。ただし厳しい現実もある。数値目標を達成できない場合は翌年度から補助金はゼロになるという。評価すべきは、補助金を出すほうも受けるほうも真剣勝負となるような仕組みを構築していることである。そして、何よりも真剣勝負ができる前提は、郊外出店が国レベルで規制されていることだ。国土全体が規制されているから真剣に活性化に取り組めば成果が上がることになる。中途半端な郊外規制では活性化は極めて難しいのだ。英国は規制緩和政策の失敗に学び、真剣勝負のできる土俵を用意した。この仕組みを作ることによって英国は中心市街地の再生を見事に成し遂げたのである。

英国から学べること④　自治体は目的達成型のプロジェクトチーム方式で取り組む

改正まちづくり三法では、国レベルでは、省庁の壁を越えて内閣府に中心市街地活性化本部（当時）を設置し、ここが中心市街地活性化基本計画をチェックして、内閣総理大臣が認定することになった。国が中心市街地活性化の必要性を強く認識し、かつ縦割りによる弊害を避けるために目的達成型の組織を作ったことの意味は非常に大きい。今後は英国と同じとまではいかないまでも、さらに省庁間の連携が図られれば、政策の効果は今以上に高まるように思われる。

一方、地方自治体では一部の地域で国と同様に中心市街地活性化本部といった名称のプロジェクトチームを組んで、中心市街地活性化に取り組む自治体もあるが、多くはこれまでの組織をそのまま活用する場合が多い。しかし、複数の部や課の存在は、それぞれの部署の都合が優先される場合が多いことから、中心市街地活性化本部といった目的達成型のプロジェクトチーム方式で取り組むことが望ましいだろう。複数の組織に権限を分散させることによりリスクや暴走を回避できることも事実だが、会議や調整事項の回数も増え、決裁も時間がかかることなどから、縦割り組織による弊害のほうが大きいと思われる。組織は目的を達成するための手段だとすれば、目的を達成するために最善の組織はどのような組織であるかを考えれば自ずと答えが出てくるであろう。当たり前と言えば当たり前の話なのだが、このような組織を選択しないのは、中心市街地活性化の危機意識が低いのか、優先順位が低いのか。いずれにしても従来どおりでは成果が出ないのであれば、組織を含めて成果を出すためにどうしたらよいのかを考える必要がある。

英国から学べること⑤　中心市街地活性化に大きな影響力を持つ者が推進する

英国では基本的には国レベルで郊外開発規制が行われているので、郊外に出店展開ができなくなったマークス＆スペンサー社（M＆S）やブーツ社など大手流通チェーンの提唱により、TCMによる中心市街地活性化の取り組みがスタートし、成果を上げた。

わが国も目指すべきは、地元の有力なメンバーとともに、中心市街地活性化に大きな影響力を持つ大手小売業者も主体的に中心市街地活性化に関与するように誘導していくことではないだろうか。衰退の激しい地域で中心市街地活性化に取り組むには、従来のメンバーに加え、新しい血を入れていくことが必要だ。その際に意識したいのは、「影響力」や「効果」であり、さらに加えるとすれば、「意欲」や「将来性」といった点だ。このようなメンバーが参加すれば、困難と思われる活性化の道のりも乗り越えられる可能性が見えてくる。

3　日英の比較からタウンマネジメントの意味を考える

英国のタウンセンターマネジメントについて理解をしたうえで、以下では日英のふたつの都市の比較により、タウンマネジメントの意味について考えてみたい。タウンマネジメントの概念はまだ定まったものではないと思われるが、この二都市の取り組みを比較することでタウンマネジメントの理解が少し深まるのではないかと思う。

わが国のある都市のケース

①「二核一モール」構想で中心市街地活性化を模索

わが国のとある都市。人口は十数万人。県庁所在地から電車で三〇分ほどのところにあるまちだ。地元自治体は中心商店街を「二核一モール」の発想で整備することにより中心市街地活性化を実現しようとしていた。最近できた郊外の大型商業施設に買い物に行ったことがある方ならわかると思うが、「二核一モール」とは商店街のようなモールの両端に核店舗を配置してその間を回遊させることにより買い物を楽しんでもらおうとするものだ。郊外の大型商業施設の場合は、二核のうちの一核は総合スーパーである場合が多く、もう一核は家電量販店やスポーツ店、家具店、シネコンなどが入るケースが多い。ちなみに最近ではわが国でも、44頁の英国のブルーウォーターSCのように、「二核一モール」がさらに進化して、ららぽーと横浜（横浜市都筑区）のような「三核三モール」という形態も出てきた。

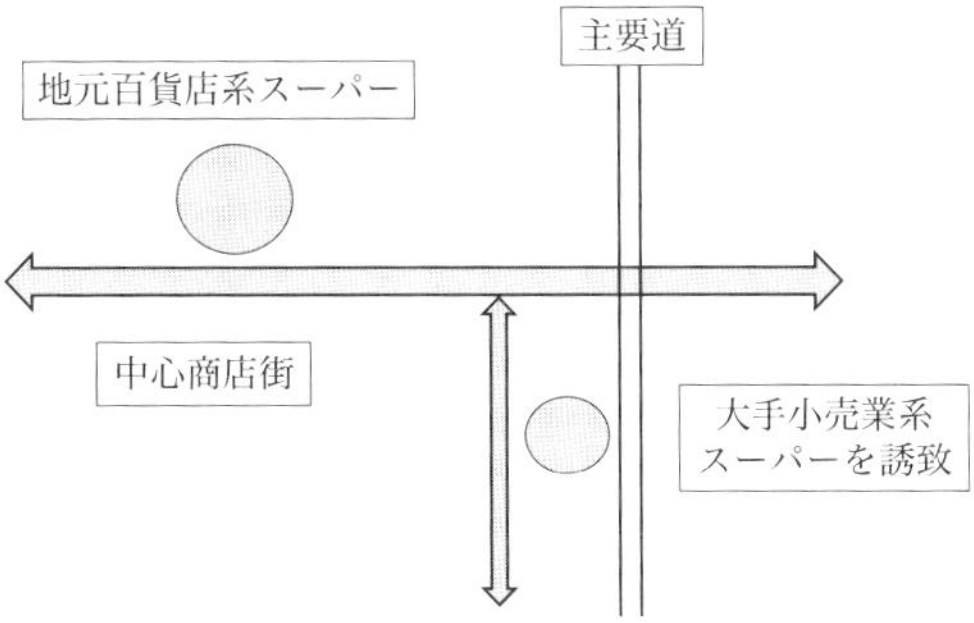

わが国のある都市の中心市街地

②目標は、商店街の歩行者通行量の一〇％増加

さて、この都市の中心市街地にある最もにぎやかだった商店街にはすでに地元百貨店系のスーパーが立地していた。地元自治体は、商店街の一端の商店街に程近いところに大手小売業系のスーパーを誘致し、「一核一モール」を整備して中心市街地の回遊性の強化とにぎわいの創出を実現することにより、この商店街の歩行者通行量を一〇％増加させることを目論んだ。

ちなみに、今回の改正まちづくり三法では、従来は中小企業に対してだけであった商業活性化に資する施設整備事業（ハード事業）の支援が大企業に対しても可能となった。具体的には、大企業に対しても戦略的中心市街地商業等活性化支援事業費補助金（以下、戦略補助金）が最大二分の一補助できることになった。宮崎市の場合は、地元百貨店である宮崎山形屋が増床リニューアルする事業に対して戦略補助金が交付されている。この都市の場合も、戦略補助金の活用を前提として大手小売業系のスーパーを誘致した。

③結果は、商店街の歩行者通行量の一〇％減少

地元では、商工会議所を中心とする中心市街地活性化協議会が、商

商店街に背を向けたスーパー（左）

店街と一緒になって、この大手小売業系のスーパーの誘致を進め、出店してもらえる目途が立った。地元としては中心市街地の回遊性向上とにぎわいの再生が目標なので、その目標を達成すべく、出店に当たって条件をいくつか提示した。そのひとつが店舗の向きであった。店舗の顔を商店街側に向け、来店客が自然な流れで商店街に足を運んでもらいたいと考えたからだ。しかし交渉は難航した。スーパー側が難色を示したからだ。理由は簡単だった。商店街側とは逆になる敷地の裏手に道路が走り、車での来店客のアクセスや視認性を考えた場合には商店街に背を向けたほうが都合がよかったのだ。

その後、地元からは「せめて裏口を設置して欲しい」と譲歩案を提示したが、最終的には、店舗の顔は商店街に背を向け、裏口もない店舗ができあがってしまった。商店街からこのスーパーまでは一〇〇mもない。商店街とこのスーパーを結ぶ道路もコミュニティ道路として整備する予定であったが、店舗はオープンしたけれど道路整備は手付かずの状態だ。オープンして一年後。数値目標として設定した歩行者通行量は一〇%増加どころか逆に一〇%減少してしまった。

英国レディング市のケース

①やはり「二核一モール」構想で中心市街地活性化を模索

「二核一モール」構想で中心市街地活性化を目指したという点では同じケースではあるが、全く違った結果となった事例として英国レディング市（Reading）を紹介したい。人口は約一四万人。首都ロンドンの

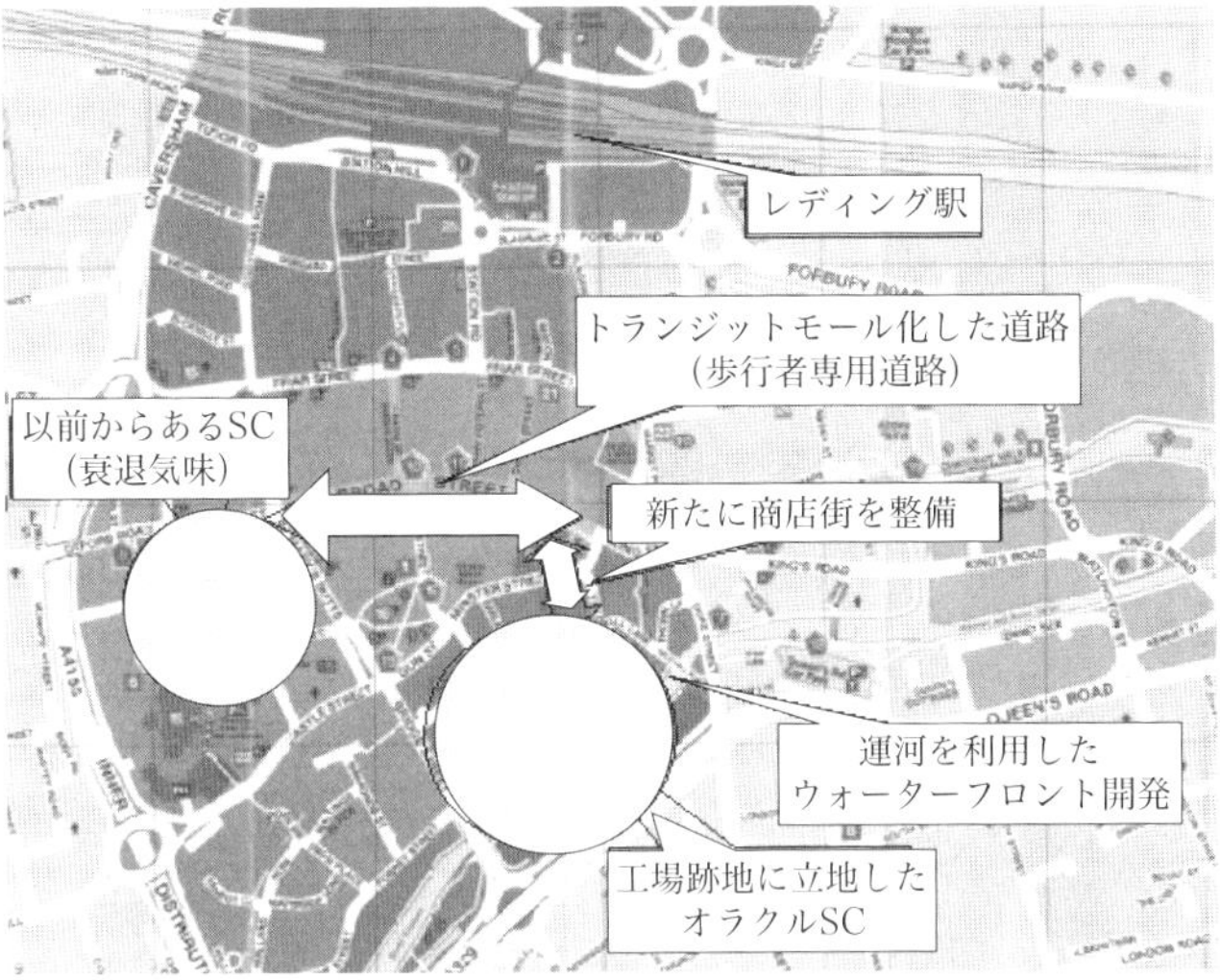

レディング市の中心市街地（レディング市作成のタウンマップに加筆）

郊外にあり、列車で三〇分ほどの距離にある。わが国のケースと人口規模も大都市からの距離も似ている。

②最大のプロジェクトは、工場跡地の再開発とメインストリートのモール化

レディング市では「Reading Borough Local Plan 1991-2006」というローカルプランを策定し、そのなかで中心市街地の役割や課題などが検討され、その検討結果に基づき中心市街地の整備・再生が図られた。なかでも最大のプロジェクトは、中心市街地に隣接する工場跡地の再開発とメインストリートのトランジットモール化であった。トランジットモールとは、メインストリートを一般の車両通行を抑制した歩行者専用の空間とし、バス、路面電車等の公共交通機関だけが通行できるようにした街路のことをいう。レディング市のケースでは、公共交通機関を全て排除し、完全な歩行者専用空間にした。

工場跡地の再開発は、運河に面して立地していた工

レディング市の中心市街地（左からオラクル SC、モール化したメインストリート、既存の SC）

場の跡地にオラクルショッピングセンター（以下、ＳＣ）を誘致し、既存のＳＣに加えて二つめの商業核を整備しようとするものだ。しかしこの敷地は中心市街地に隣接するものの、もともと工場であったことから、中心市街地から見ると裏手にあたり、メインストリートから一〇〇ｍほど離れていた。

メインストリートのトランジットモール化は英国では比較的一般的な手法だが、わが国ではまだ導入されていない手法だ。レディング市は中心市街地を横断し、これまで路線バスも走っていたメインストリートを歩行者専用道路にした。これによって従来からあるＳＣと新たに再開発により整備するオラクルＳＣとを結ぼうとしたのである。

③中心市街地を一つのＳＣのようにマネジメントする

このようにレディング市は、中心市街地全体の回遊性を明確に意識して、商業集積の誘導と歩行者専用道路の整備を行い、安全・安心な歩行空間を確保しようとしたのである。まさに「中心市街地を一つのショッピングセンターのようにマネジメントする取り組み」であった。

タウンマネジメントを行う組織であるＴＣＭとしては、官民パートナーシップ組織である「Reading City Centre Management（ＲＣＣＭ）」が作られ、この回遊性向上のための巨大プロジェクトにタウンセンターマネージャーが中心的に介在しながら、中心市街地の戦略的な開発が進められた。オラクルSCはコンペ方式で民間のディベロッパーを選定した。そして開発条件として商店街との回遊性を持たせるなどの一〇〇以上の条件をタウンセンターマネージャーから提示するなどして、「イギリスで最もきれいで安全なまち」を目指した。

圧巻だったのは、オラクルSCとメインストリートの間の一〇〇mに新たにショッピングモール（商店街）を整備したことだ。オラクルSCの顔がメインストリートに向いていることは言うまでもない。このショッピングモールの整備により「二核一モール」が完全につながり、メインストリートの歩行者専用道路化も相まって回遊性と歩行者通行量が格段に増加した。その結果、レディング市は、英国において中心市街地の活性化に最も成功した都市のひとつと言われている。

オラクルSCとメインストリートをつなぐ
新たに整備されたショッピングモール

なお、レディング市では区域内の不動産所有者から負担金として一定額を徴収し、その資金を直接地域の活性化に活用する制度であるBIDも導入している（BIDについては、87頁にわが国の参考事例あり）。

英国と日本のケースからタウンマネジメントを考える

では、上述の日英の二つのケースから、タウンマネジメントの意味とその必要性について考えてみたい。タウンマネジメントとは、P（計画）↓D（実行）↓C（検証）↓A（改善）の経営のマネジメントサイクルで中心市街地活性化を実現しようとするものである。少し具体的に言えば、中心市街地活性化という目的を達成するために、可能な限りの最良のプランを計画し（P）↓必要な交渉や調整をしながら事業を実施し（D）↓結果を出し（C）↓さらに計画を改善していく（A）作業だ。

英国レディング市のタウンセンターマネジメント

ではまずは、レディング市のケースから見てみよう。レディング市は、「二核一モール」構想で中心市街地活性化という目的を達成しようとした。そのために、計画段階（P）において、中心市街地に隣接する工場跡地にSCを誘致するとともに、メインストリートをモール化することを計画した。そして実行段階（D）では、開発条件として商店街との回遊性を持たせるなどの一〇〇以上の条件を提示して、SCの向きを調整したり、SCとメインストリートの間の一〇〇mに新たにショッピングモール（商店街）を整備させるなどして実効性のある計画に修正したうえで事業を実施した。その結果、英国でも中心市街地が活性化した成功例のひとつとして高い評価を受けている。

わが国のとある都市のタウンマネジメント

次にわが国のとある都市のケースを見てみよう。この都市も、「二核一モール」構想で中心市街地活性化という目的を達成しようとした。ここまではレディング市と同様だ。そのために、計画段階（P）において、中心市街地に隣接する土地に大手小売業系のスーパーを誘致することを計画した。レディング市のようにメインストリートを歩行者専用道路にするようなことはしなかったが、商業核を誘致したのはレディング市と同様である。そして実行段階（D）では、商店街との回遊性を持たせるために、メインの出入口を商店街側にするよう交渉をしたが難航、サブの出入口を設置する譲歩案を示したが、最終的には店舗の顔は商店街に背を向け、かつ、商店街側に出入口のない店舗ができあがってしまった。

その結果、オープンして一年後の商店街の歩行者通行量は計画した一〇%増加どころか一〇%減少してしまった。この都市のケースでは、国の支援を受け、戦略補助金を活用したにも関わらず、中心市街地活性化という目的は達成できず、結果的には大手小売業系のスーパーを出店させただけの事業になってしまった。

タウンマネジメントの意味

レディング市は高い効果を生み出すために、計画の実現に向けて相当苦難な道のりを歩んできたことだろう。しかしその苦難の先に素晴らしい中心市街地が完成した。タウンマネジメントとは、レディング市のように中心市街地活性化という目的を達成するために、可能な限りの最良のプランを計画し、必要な交渉や調整をしながら事業を実施し、結果を出し、さらに計画を改善していく取り組みのことをいうのではないかと思う。今の時代は単にハコモノを作ればにぎわう時代ではないのだ。商業施設の配置や向きを含め、来街者にとって使い勝手のよい中心市街地とするために、活性化に携わる関係者が課題を共有し、知恵を絞り、連携して事業を実施する必要があるということだ。

英国のタウンセンターマネージャーに求められる能力と役割

では、レディング市をはじめ、英国のタウンセンターマネージャーはどのような役割を求められているのであろうか。主な能力と役割について列挙すると以下のとおりとなる。

①計画段階

・市町村が作成するマスタープラン（基本計画）をより効果的に達成すること
・中心市街地活性化に関心のある人々のコーディネーターとなり、関係者の協働を促すこと
・中心市街地活性化に必要な施策、資金、利害を調整すること

②事業実施段階

・中心市街地の魅力の向上・アクセスの改善、安心・安全な歩行空間を創出するそれぞれの事業実施を支援すること
・情報発信、マスコミの活用では、中心市街地のプロモーション事業を効果的に実施すること
・テナントリーシング（＝テナント誘致活動）では、中心市街地への出店に興味を示している小売業者・ディベロッパーと接触し、情報を提供し出店を促すこと
・ＢＩＤ関連では、清掃事業、メンテナンス事業、警備事業の調整をすること
・駐車場関連では、安全問題と警備問題を含む駐車場のより効果的な利用と管理を行うこと

③事業推進段階

・多様な関係者との良好な関係を構築すること
・事業に関する理解を得ること
・多様なパートナーとの良好な関係を構築すること
・目的達成への強い意欲を持つこと

・中心市街地活性化に有効な事業を提案すること
・マーケティング理論の習得と活用を図ること
・事業の優先順位づけを行うこと
なお、英国の取り組みについては、関東学院大学の横森豊雄教授の著書『英国の中心市街地活性化』(同友館、二〇〇一年)に詳しく述べられているので参照されたい。

4 私たちにできること(内部要因) 内部要因は自分たちで変えられる

郊外規制(外部要因)については、その必要性を訴えることはできるが、私たち自らが法律や制度を変えることはできない。一方で、私たち自身に起因する問題があるとするならば、それは自分たちで変えることが可能だ。ここからは、自分たちで解決できないことではなく、自分たちのできること、自分たちで変えられることは何かを皆さんと一緒に考えてみたい。

多くの商店街は衰退産業である

わが国では一九六〇年代からまちの中心部に「商業核」であるダイエーやヨーカ堂などの大型スーパーが本格的に展開し、高度成長期の最大の商業地は、百貨店や大型スーパー、そして多くの商店が集積する中心商店街であった。商店街全盛の時代だ。しかし、ある数字を見ると少し違う見方ができる。第1章でも述べたように、私たちが商店街の全盛期と思っていた一九七〇年時点(昭和四〇年代)ですでに「繁盛している商店街」は三九・五%と四〇%を切っていたのだ。すでにこの時代から商店街は必ずしも繁盛しているところばかりではなかったのである。

その後、郊外のロードサイドへの商業集積の出現（一九七〇年代後半）、まちづくり三法による郊外への超大型商業施設の出店の加速（二〇〇〇年以降）などにより、特に地方都市の中心市街地、中心商店街は急速に衰退し、二〇〇九年には「繁盛している商店街」はわずか一・〇%となってしまった。今、商店街は衰退産業か否かと聞かれたら、残念ながら多くの商店街は衰退産業であると言わざるを得ない。中心市街地もしかりだ。

福知山市（京都府）の中心市街地

「井の中の蛙」からやがて「ゆで蛙」に

中心市街地や商店街の関係者は、ここまでに述べてきたような中心市街地や商店街を取り巻く環境の大きな変化がきちんと見えていないと「井の中の蛙」になってしまい、やがて「ゆで蛙」になってしまう可能性がある。「ゆで蛙」とは、今は気持ちがいいと思ってぬるま湯に浸かっていたら、気がつかないうちにぬるま湯から熱湯になってしまいゆで上がってしまう状態だ。これでは手遅れだ。私は「繁盛している商店街」が四〇%を切った一九七〇年代から一九九〇年代後半の、旧まちづくり三法制定までの時期がぬるま湯であったように思う。この時代に大きな痛みは感じないような危機が着々と忍び寄っていたように思う。それに気づかなかった結果、すでに手遅れになってしまったようなシャッター商店街が全国で出現してしまった。

私たちは、このように時代が大きく変化したことの現実を正面から受け止め、従来どおりの考え方では活路が見出せない時代であることを明確に認識することが極めて大事だ。しかしながら、全国の商店街や地方自治体、そして彼らを支援するコンサルタントの中に認識が変わっていない方々がまだ数多く存在する。これまでと同じことだけをしていては活路が見出せない時代であることはみな頭ではわかっているが、なかなか行動が伴わない。むしろ、変化・変革を恐れているように見える地域もある。商店街だけではなく、個店も変化を認識せずにこれまでと同じようなことをしていては売り上げを伸ばすことも利益を増やすこともできない。

今、すぐ自分たちの意識を変えよう

では、「ゆで蛙」にならないためにどうしたらいいのか。最も重要なことは、一日も早く自分たちの意識を変えることだ。そして行動を変えることだ。そのためにはいくら頭で考えても、本から学んでもだめだ。自分が感動するような「まち」や「店」をたくさん見て、自分自身の五感（視覚、聴覚、嗅覚、味覚、触覚）を使って、目から鱗が落ちるような多くの刺激とショックを受けることが一番大切だ。体全体でそのすばらしさを肌で感じて意識を変えなければならない。本気でまちづくりや自分たちの商売に取り組まないと先行きはそう長くないだろう。

先進事例に学ぶことは人真似だと否定する方がいる。確かに単に真似るのではだめだ。目的意識を持たずして学んでも吸収できることは少ないだろう。目的意識を持ったうえで先進事例から学ぶことで初めて先進事例の先進事例たる理由を吸収することができ、自分たちに合った形に変えていくことができる。新たな気づきから他の地域とは違った独自のまちづくりや店づくりに展開することを目指そう。どのような展開になるかは、それぞれのまちの歴史やまちを支えようとする人の目的意識や吸収力、やる気、感度などによって大きく異なる。むしろ展開が異なることで独自性が醸成される。

やると決めたら本気でやろう

このように、多くの現場で多くの感動を受けることを通じて、本当にやりたいこと、本気でやる気持ちが芽生えてくる。第2部で紹介する元気のよい中心市街地・中心商店街などの多くは、これまでの意識を変えることにより活性化を実現している。郊外にこれだけの商業集積が出現してしまった現況では、中途半端な気持ちで活性化をしようとしてもうまくいくはずがない。

まちなかは郊外の商業集積と同じような薄利多売という分野で勝負をしても到底勝ち目はない。むしろこれからの中心市街地・中心商店街は、郊外とは競わずに、郊外とは違った「もの」「こと」でお客様に喜んでもらうことに活路を見出すべきであろう。

私たちは中心市街地や中心商店街の衰退の原因を自分たち以外のせいにしていないだろうか。確かに衰退の原因が自分たちの影響の及ばないところで発生していることも事実であるが、責任を自分たち以外に転嫁して活性化・再生ができるのであればそれでもいい。でもそれだけでは活性化は絶対に図れない。厳しい環境下で本気で活性化させたいのであれば、やはりまずは自分たちの意識を変えることが必要だ。これからの中心市街地活性化の最大のキーワードは「自らの意識改革」であると思う。

私たちにできる復活のための七つのキーワード（ツボ）

中心市街地の再生の処方箋はそれぞれの地域で異なるであろう。それぞれの地域にそれぞれ異なった現実や課題があるからだ。中心市街地活性化の方向性が明確に見えている地域もある一方で、余りにも衰退が激しく、何から手を付けていいか途方に暮れてしまいそうな地域もある。また方向性が見えている地域でも、組織や体制の問題、資金的な問題から一気に事業を実施できない地域もあるかもしれない。

本章で中心市街地衰退の外部要因と内部要因を整理したが、このうち、外部要因は中心市街地自らでは変えることが困難なものだ。法律や制度、規制といった外部要因（環境）によって中心市街地の戦い方は当然変わってくるのだが、いくら悩んでも自分たちだけでは答えは出てこない。ただ、答えが出てこないからと言って諦めてはダメだ。これらの動きや長期的な流れには常に注意を払う必要があるし、また、中心市街地にとってより有利な環境に変えていくために、小さな声を束ねて大きな声にして法律や制度の変更を訴えていくことも必要であろう。

一方、中心市街地自らに課題がある内部要因は自分たちの意志で変えられる。今日から変えられるものはすぐに変えるべきだ。変えられない理由を並べている暇はない。それほどに中心市街地の再生に危機感を持って取り組んでいかなければならない。今すぐにできないことでも、それが困難なことであっても、解決しなければいけないことは、時間をかけてでも解決していかなければならない。

第2部からの中心市街地復活のための七つのキーワード（ツボ）は、中心市街地活性化、商店街活性化、地域再生に真剣に向き合ってきた多くの地域の事例を七つの切り口で整理したものである。どれも皆さんの仲間がやってきたことばかりだ。事例には活性化へのヒントがたくさん示されているのではないかと考えている。そう言えるのは、私自身が中心市街地活性化基本計画認定地域の半数以上の地域、また、その他多くの地域のみなさんと意見交換をさせていただき、実際に中心市街地活性化に奔走している自治体の皆さん、中心市街地活性化協議会やまちづくり会社で活動している皆さん、商工会、商工会議所の皆さん、全国各地の商店街や個店の皆さん、百貨店の皆さん、地域で奮闘しているタウンマネージャーや専門家の皆さんと交流し、あるいは連携し、その取り組みや想いを聞いたなかから、ぜひ紹介したいと思った事例を載せたからだ。

第2部

中心市街地復活の七つのツボ

ツボ1　リーダーシップとタウンマネジメント

中心市街地を活性化するという目的を達成するにはその目的を達成するための組織が必要だ。いくら秀逸な活性化プランが出来上がっても、実際にそのプランを動かすのは組織だ。ただし組織は数だけ揃っていてもダメで、「誰がやるか」が大切だ。組織を牽引していくにはリーダーと参謀が欠かせない。一方、これまで、「都市の経営」という言葉は存在したが「中心市街地の経営」という言葉は聞いたことがなかった。「中心市街地の経営＝タウンマネジメント」は中心市街地を一つのショッピングセンターに見立てて、活性化策を講じて成果を生み出そうとする取り組みだ。ここでは、中心市街地活性化を実現するために、リーダーシップやタウンマネジメントがいかに重要であるかをいくつかの事例から示していきたい。

1　中心市街地活性化のリーダー（最終責任者）は自治体の首長（青森市）

首長自らが「コンパクトシティ宣言」

青森市の「コンパクトシティ構想」はまちづくりに興味を持つ方であれば誰でも耳にしたことのある取り組みだ。日本有数の豪雪地帯である青森市は、郊外化により膨大な除排雪経費がかかることなどから、できるだけ郊外化を抑制しコンパクトなまちづくりを進めようという基本方針を早くから示した。旧まちづくり三法施行よりさらに前の一九九一年に佐々木誠造市長（当時）が「コンパクトシティ宣言」をし、都市計画マスタープランの中で「コンパクトシティ構想」を打ち出した。無秩序に都市機能が郊外化することを抑制することにより、除排雪経費及び社会資本等の整備にかかる財政負担の軽減を図るとともに、中心市街地に行政機関、公共施設、病院をはじめとした都市福利機能や各種商業機能を集約化していく方針を掲げたのである。

中心市街地活性化を重点課題として取り組もうとする自治体は多いが、このように「コンパクトシティ宣言」を市長自らが行い、その後二〇年近くにわたり実践してきた自治体は稀なケースだ。長野市のタウンマネージャーであった服部年明さんも、「タウンマネージャーはまちづくりの参謀に過ぎない。まちづくりの真のリーダーは首長（市長）である」と言っている。服部さんは、また、「地域の行政のトップである首長が、まちづくりに対するロマンとビジョンを持ち、リーダーシップを発揮することが中心市街地活性化の一番の近道である」とも言っている。中心市街地の活性化という難題を乗り越えるためには、自治体の首長の強いリーダーシップが欠かせない。

首長のリーダーシップの重要性

逆に、西日本のある都市では、首長が中心市街地活性化の必要性を訴えながら、一方で郊外の農地へ大型商業施設を誘致することを容認しているケースがあった。また、同じく西日本の別の都市では商工部門は中心市街地活性化に熱心に取り組んでいる一方で、企画部門が郊外にある準工業地域の工場跡地に大型商業施設を誘致しているケースもあった。

まちづくり三法の見直しで非常にわかりやすくなったことの一つは、中心市街地活性化基本計画作成の責任の所在が明確になったことだ。具体的には、中心市街地活性化基本計画を作成し、その数値目標をはじめとした目標に対して最終的に責任を持つのは市町村（首長）であると明確に示した。今回の改正中心市街地活性化法では、行政のトップである首長がまちづくりに対するリーダーシップを発揮することが求められているのである。

首長が明確なリーダーシップを執らないとどうなるだろうか。市役所の各部門はそれぞれの部門の立場や縄張りがあるから、首長が方針を明確にしなかったり、責任を回避する行動を取れば、当然それぞれの部門のトップはそれぞれの部門の立場を優先することになる。首長が明確な方針を示せば、各部門はその方針を基にアクションプランを作成し実行するのみだ。それほど市長が明確に方針を示すことは市役所においては重要だ。また、首長の明確な方針があれば、その方針に基づいて中心市街地に投資をする民間企業も出てくるかもしれない。衰退した中心市街地に民間が投資をするというのは相当のリスクだ。首長が明確な方針を示すことが民間の投資の呼び水になる可能性は十分にある。

なお、中心市街地の活性化の必要性を議論すると「では郊外はどうでもいいのか」という意見が必ず出る。私たちは「郊外はどうでもいいから中心市街地だけに政策を集中させるべきだ」と言っているわけではない。郊外には郊外に相応しい政策を展開し、中心市街地にはそこに必要な政策を展開していくことが望ましいといっているだけだ。郊外であれ、中心市街地であれ課題解決型の実効性のある対策を打って欲しいのだ。ただし、郊外と中心市街地のどちらにも投資するというのはこれからの時代は無理がある。国もそのような地域には基本計画を認定しない方針であることを付け加えたい。

2 リーダーの補佐役である参謀（タウンマネージャー）の存在（長野市）

参謀（タウンマネージャー）の重要性

長野市は、二〇〇二年から二〇〇七年四月まで元信州ジャスコの常務取締役であった服部年明さんをタウンマネージャーとして招聘した。長野市は、大型空き店舗問題をはじめ衰退の激しい中心市街地が抱える諸問題に対処していくためには、流通業の最前線で実践的にキャリアを積んできた人材でないと難しいと判断し、長野市と長野商工会議所のトップの強い意向で招聘したのだった。市長が長野市中心市街地の課題を認識したうえで、参謀役として専門的なノウハウを持つ服部さんを招聘して、難題である中心市街地活性化に向けて「二核一モールによるにぎわいの創出」の実務を任せたのだ。

長野市はその後、異例のスピードで戦略的な取り組みを実施したのであるが、それができたのは、服部さんと市長や会頭とが対等に意見交換のできる関係が構築できていたので、迅速な意思決定が可能だったからだ。リーダーである市長が方針を示し、参謀である優秀なタウンマネージャーが事業を実践していく。そこにはリーダーと参謀との厚い信頼関係があった。各地で長野市のような関係が構築できたら、中心市街地の再生、活性化の道のりはかなり早くなるであろう。なお、優秀な参謀を招聘できたのは、市長や会頭といった政財界のリーダーが、中心市街地が衰退している状況に強い危機感を持っていたからであることは想像に難くない。

大手小売業のマネジメントのノウハウを持つタウンマネージャー

第2章で述べたように、中心市街地活性化の先進事例の英国の取り組みは、中心市街地を一つのショッピングセンターのようにマネジメントする取り組みであるが、その多くに経営のノウハウを豊富に有する民間大手の流通業出身者が採用され、大手小売業のマネジメントのノウハウが中心市街地に導入されている。

わが国でも、上述の服部さんは元信州ジャスコ出身で、営業を中心にショッピングセンターの開発、運営も担当し、数々の郊外型ショッピングセンターの開発を成功させてきたノウハウを持っている。青森市でタウンマネージャー的に活動しているまちづくりあきんど隊の加藤博さんも、大手小売業の出身だ。タウンマネージャーは大手小売業出身者でないと務まらないというわけではないが、大手流通業での経験を通じて学んだ経営のノウハウが中心市街地活性化に役立つことは事実だ。中心市街地活性化は首長だけではその目標を実現することは難しい。リーダーシップを持った首長とともに、首長の想いを理解し実行できる現場のリーダー（タウンマネージャー）の存在が欠かせない。

これまでわが国の中心市街地活性化において、タウンマネジメントという視点が弱かった。各地の中心市街地活性化の取り組みを見ても、商店街活動はそれぞれバラバラ、行政も縦割り、商業者と行政の連携も取れていない地域が多い。こんなことでは衰退した中心市街地を活性化することなどできるはずもない。改正まちづくり三法でもその必要性を訴えているように、これからは中心市街地全体を俯瞰して課題を整理したうえで優先順位をつけて事業を実行していく「マネジメント」の視点が必要となる。これがタウンマネジメントだ。

一方で、タウンマネージャーは専門的なノウハウを持ってはいるが、組織のトップではないので意思決定ができる範囲は自ずと限られてくる。最終的な責任は首長が取ることになるが、首長自らが中心市街地活性化のノウハウを持っているケースは稀だ。首長が最終的な意思決定をしつつ、ある程度の権限をタウンマネージャーに委譲しながらまちづくりに取り組むことが望ましい姿であろう。

3　わが国でもタウンマネジメントの試みが始まっている（鳥取県米子市）

中心商店街はシャッター通りではなくゴーストタウン

二〇〇七年一〇月の鳥取県米子市の中心商店街。人の気配はほとんどない。米子市はかつて山陰の商都と言われたまちだ。商店街から少し離れたところには老舗百貨店の高島屋もある。繁栄を極めた米子市の商店街はそれゆえとても長い。商店街の向こうまで見渡しても数えるほどしか人は歩いていない。私はこのときの米子市中心市街地の状況を見て、「これはとてもじゃないが再生は難しい」と、この年の一二月に米子市のタウンマネージャーになった杉谷第士郎さんに話したことを、今でも杉谷さんは覚えている。私は滅多にこのような発言はしないのだが、このときだけは思わず「難しい」という言葉が出てきてしまった。中心市街地を再生するにしても衰退には限度というものがあると思っていたからだ。

二〇〇九年に奈良市で開催された奈良市中心市街地活性化セミナーでの講演で、杉谷さんは「米子市の中心商店街はシャッター通りではなくゴーストタウンです」と語り始めた。二〇〇九年の米子市の中心市街地の空き店舗は二〇九店舗、率にすると約三五％だ。最も空き店舗率の高い法勝寺町は約五五％に達する。また、中心市街地で後継者のいる営業店舗は三八七店中たった七八店（二〇〇九年）で五店に一店しか後継者がいない勘定になる。年間商品販売額は一九九四年から二〇〇四年の一〇年間に四三・五％減少した。歩行者通行量に至っては一九九七年から二〇〇七年の一〇年間に何と七四・五％も減少してしまった。

米子市の中心商店街

改正まちづくり三法の五年は最後のチャンス

このゴーストタウンの再生に全力を尽くしているのが杉谷さんだ。杉谷さんの考えは逆転の発想だ。「現在の状況を悲観していても何も変わらない。ピンチをチャンスと捉え、できることから実行していこう」ということだ。「コンパクトシティは人口の高密度化が起こり、そこに新たなビジネスが生まれる可能性が出てくる。そこがもし魅力的な場所になれば、人が住みたい、働きたい、行ってみたい、商売をしてみたいというまちになるんじゃないか」。そしてまた「少子高齢化や人口減少といった現象は、土地や家が余る時代になることを意味する。それはこれまでのように建物を新築するのではなく、既存の不動産の有効活用が進むんじゃないか」。このような想いを胸に、想いを共有できる仲間や若者たちと杉谷さんは中心市街地の再生に取り組み始めた。

あまりにも衰退した米子の中心市街地の再生は、荒廃した土地に苗木を植えていくような取り組みだ。国は「選択と集中」の名のもとで、やる気のある中心市街地を集中的に支援している。杉谷さんは今回の改正まちづくり三法の「概ね五年で達成する事業のみを計画に掲載し実施する」ということの意味を、「この五年は予選リーグ。予選で通過できたまちだけが第二次リーグに進出できる」と考えている。その想いは、杉谷さんが事務局をしている米子中心市街地活性化協議会の四つのスピリッツに表現されている。

①中心市街地活性化の最後のチャンス、スピード感を持って取り組め！
②六〇点でもいい、とにかく進め！
③できることからスタートさせよう！
④多角的な情報発信に取り組もう！

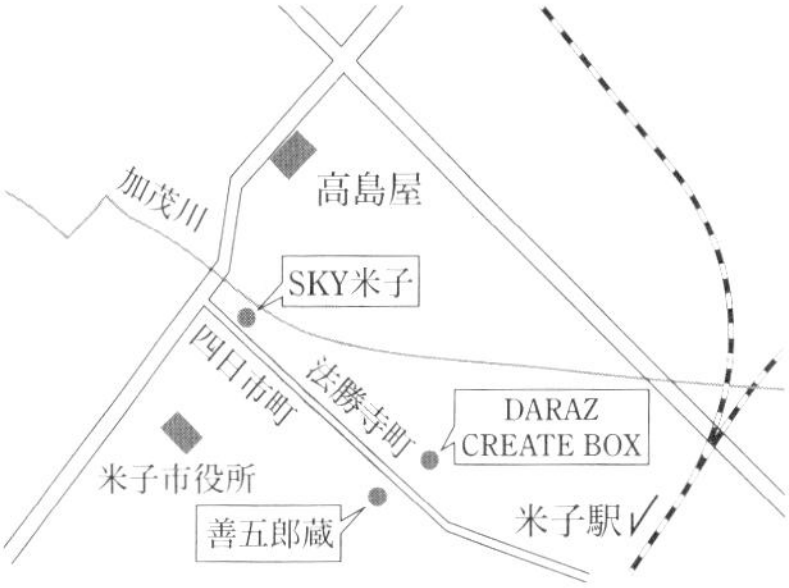

米子市の中心市街地

コア事業は民間主体の「にぎわいトライアングル」

杉谷さんは、大手流通業において商品開発、経営企画、新規業態開発に従事後、イタリア・ミラノで大型複合専門店の開発・経営を行い、その後二〇〇四年に米子にUターン。地元でまちづくりや広域観光推進による地域活性化、福祉ネットワーク形成を目的としたNPO活動などに参画していた。これらの経験を買われてタウンマネージャーになったのだった。

杉谷さんは地元の出身で、また数年間NPOなどの活動をしてはいたものの、長年米子から離れていたのでよそ者に等しい。まずは多くの地権者、商業者、商店街の役員などに顔と名前を覚えてもらわなければならない。杉谷さんは、これらの皆さんのところに足を運び、それぞれの方の考えを聞くことからタウンマネージャーとしての第一歩を歩み始めた。そして皆さんの悩みや想いを聞くことを通じて徐々に信頼関係を築いていった。中心市街地活性化の計画を策定するに当たっては、中心市街地に関わる多くの関係者と会う必要があるが、タウンマネージャーという肩書きがない時はなかなか地域に入り込んで行けなかったと言う。タウンマネージャーの肩書きを得てから杉谷さんの動きはスピードを増すことになる。

米子市の中心市街地活性化の取り組みは、既存商業集積である高島屋周辺のほかに、四日市町商店街の旧今井書店周辺と、法勝寺町周辺の二つのエリアを活性化させることにより、高島屋周辺と併せた三つの拠点をつくり、これらを回遊させることによって中心市街地を面的に活性化させていこうとするものだ。これを米子市では「にぎわいトライアングル事業」と言っている。

「SKY米子」の誕生――四日市町商店街の旧今井書店が洒落たテナントビルに

二〇一〇年三月、四日市町商店街の老舗書店であった今井書店のビルが若者向きの洒落た感じのテナントビルにリニューアルオープンした。その名は「SKY米子」。ブティックや雑貨店などの店舗のほかビル屋上に「室内公園」と名づけた公園スペースもある。この「室内公園」は米子の若者が次のにぎわいづくりを考える場にして欲しいという想いから作ったものだ。事業主体は株式会社SKY。社長は当時三〇歳そこそこだった杉田真理子さんだ。

「今井書店さんはこの店をどうするか僕に預けてくれた」と杉谷さんは語り始めた。二〇〇八年当時、杉谷さんは今井書店の社長にお願いをして、四日市町商店街にあるこの店舗を活用して中心市街地活性化の新たな事業を行うことができないか思案をしていた。

そんななか、ある若者と名刺交換をする機会があった。郊外で複合商業施設を直営していた株式会社ベリーの田中和也さんだ。話を聞くなかで、田中さんは郊外だけでなく、今井書店のある四日市町界隈でも古い建物のリノベーションに関わっていたことがわかった。また、郊外の直営店舗には中心市街地で出店をしている若者もテナントとして入居していた。「米子の若い連中はみんなどこかでつながっているのかもしれない」と杉谷さんは気づく。

当時、田中さんは米子商工会議所の青年部に入ったばかりで、中心市街地活性化という言葉は聞いてはいたが、自分たちには関係のないことだと思っていた。杉谷さんは田中さんが郊外の複合商業施設にイタリアンレストランを出していることを聞き、「郊外ではアルコールが出せないから客単価が稼げない。この手の店はまちの真ん中に持って来たほうがうまくいく。田中君のこいつを持ってきたら、それが中心市街地活性化だと思うよ」と一緒にまちづくりをしようと誘った。

SKY米子内のショップ

そして杉谷さんは田中さんに「今井書店をどうするか任されているんだけどいい人を紹介してくれないか」と相談をする。田中さんが紹介してくれたのが㈱ＳＫＹの経営者となる杉田さんだった。彼女のことは杉谷さんも以前から話には聞いていた。一〇年ほど前から中心市街地で商売をやっていてすでに二つの店舗を持っている。しっかり家賃を払っているなど経営も安定している。何より人柄がいいし行動力もある。それに彼女自身に赤ちゃんが生まれたばかりでやる気は十分だ。「子供が巣立つまでの二〇年ぐらいはしっかりと商売をするだろう」と杉谷さんは思った。こうして一つの事業が立ち上がっていった。

法勝寺町の三連蔵にはショップやギャラリーが入る

話は変わり、中心商店街のなかでも最も空き店舗率の高い法勝寺町では、一〇年前に商店会組織が解散してしまい、アーケードを管理する組織がなくなってしまった。その後は地元の商業者四名が任意団体を作りアーケードの維持をしてきたが、老朽化が激しく撤去しようということになり、杉谷さんのところに「何か支援策はないか」と相談に来た。彼らから詳しく話を聞くと「アーケードから落下物があるなど危険な状態で、風のある日は心配で眠れない。こんなアーケードのツケを自分たちの子供たちに回したくない」という。

また、彼らは地域の子どもたちのために土日だけ駄菓子屋をやっていた。「何の見返りもなしに頑張っている彼らはいいやつだなぁと思った。これで僕は彼らを信用した」と杉谷さんは振り返る。「単に撤去するだけでは国の支援は受けられないが、新たに商業環境を整備するということであれば支援を受けて撤去できるかもしれない」。こうやって法勝寺町のアーケードの撤去は動き出す。

一方、法勝寺町の一角には米子城の外堀沿いに建てられた築一二〇年の三連の蔵があった。蔵は使われておらず、蔵の前にある空き地を七台分の駐車場として貸しているだけだった。持ち主は法勝寺町でアーケードを管理している四人のうちの一人である石賀治彦さんだった。石賀さんは、神仏具・陶磁器を扱う

「善五郎蔵」全景と七台分の駐車場(左)とギャラリー(右)

鳥取県内で最も長寿な企業である石賀本店の一七代目の店主だ。「この埋もれている地域のお宝を使わない手はない」と、杉谷さんは石賀さんたちに中心市街地活性化の必要性を語るとともに、この蔵の活用を提案する。こうしてこの蔵を生かした商業施設の整備計画がスタートした。

この事業の実施主体は㈱法勝寺町だ。社長にはこの蔵の所有者である石賀さんがなった。石賀さんは市内で開かれた講演会で「私は、生まれ育った法勝寺町が大好きです。この大好きなまちをなんとか元気にしたいと思っています。みなさんも自分のまちを元気にするためにがんばってください。それによって米子市全体が元気になると思います」と話すぐらい地元が好きだ。なので、石賀さんはこの事業で儲けようとは思っていない。この事業に土地と蔵を貸す石賀本店が得る収入はあの駐車場七台分だけだ。こうして三連蔵は「善五郎蔵」という名前に変わって二〇一〇年三月にオープンした。眠っていた資源が、おしゃれな飲食店や日替わりカフェ、セレクトショップなどのテナントとギャラリーの入る複合施設に変身した。

旧銀行跡ビルを活用した複合施設「DARAZ」

㈱SKYによる「SKY米子」、㈱法勝寺町の「善五郎蔵」とともに、法勝寺町と元町通りの角にある銀行跡地に㈱DARAZが整備した複合施設「D

アーケードのあったDARAZオープン前（左）とオープン後（右）

ARAZ CREATE BOX」が同じく二〇一〇年三月に完成した。若者の活動拠点を設け、カフェや物販のほか地域ブランドのシンクタンクやサテライトスタジオなどが入っている。㈱DARAZは出資者にNPO法人が名を連ねる珍しい会社だ。当初はこのNPO法人が施設整備しようとしたが、NPO法人では国のハード整備の支援を受けられないために出資者として参画したのだ。このあたりの調整もタウンマネージャーである杉谷さんが行った。ちなみに、「DARAZ＝だらず」とは地元の方言で「あほやけどしゃあない」という意味だという。

さらに法勝寺町に隣接するエリアでも、コミュニティレストラン、医療・福祉施設併設の高齢者向け優良賃貸住宅を整備する「やらいや米子・平成ルネッサンス事業」が立ち上がった。二〇一一年度中の完成を予定している。この事業は地権者参画による特別目的会社（SPC）の組成、地元金融機関によるノンリコースローン（ローン〔借入金〕が返済できなくなったときに、担保になっている資産以外に債権の取り立てが及ばない非遡及型融資のこと）の導入、家賃保証システム導入によるプロパティマネジメントを行うなど様々な手法を導入している。

米子の先駆的な取り組みであった「田園」（左）と「Qビル」（右）

米子のまちづくりの先駆者たち

ここまで、中心市街地活性化基本計画（以下、基本計画）のうち、民間のコア事業となる「にぎわいトライアングル事業」について、それぞれの事業の掘り起こしと事業化の推進について見てきた。以下では杉谷さんがタウンマネージャーとしてどのようなマネジメントをしてきたのかを見ていきたい。

まだ杉谷さんがタウンマネージャーになる前に、米子のまちなかの象徴であったが閉店していた喫茶店「田園」を再生させた先駆者がいた。衰退した中心市街地に危機感を持った三人が「まちのコミュニティや暮らしを守らなければ」と、この「田園」をお年寄りも障害のある人も集える「まちなかの交流センター」にしたのだ。まちの人のやる気が消えてしまいそうな時に、この「田園」の取り組みは消えそうな灯りを再び明るくするきっかけとなる。

その後、地価の下落で安い賃料で出店ができるようになった中心市街地に若者たちが少しずつ出店し始めた。そのシンボルが「Qビル」だ。旧鳥取銀行米子支店の建物をコンバージョンした複合商業施設だ。プロデュースを手がけた土橋彰臣さんは東京でビジネスをしていたが、「鳥取県に戻って商売をするなら出身地の倉吉ではなく米子だ」と、米子で複数の古い建物を活用した店舗を展開していた。そしてそんな彼に影響された若者たちが予備軍として育ちつつあった。

すべてゼロから三つの事業を立ち上げる

杉谷さんがタウンマネージャーに就任してから基本計画の全てがスタートしたわけではなかったが、杉谷さんがタウンマネージャーに就任したときには、今回取り上げた三つの事業の「芽」は何もなかった。確かに若者は育ちつつあったが、彼らの取り組みは杉谷さんが来るまでは中心市街地活性化を意識したものではなかった。この状況から「にぎわいトライアングル事業」はスタートする。

杉谷さんはまず中心市街地をくまなく回り、事業の可能性を探った。これだけ衰退した中心市街地の活性化は一部の実力のある経営者を除けば民間の資力だけでは厳しく、中心市街地活性化法の認定を受けて、国の支援を受けての再生でないと難しいであろうと考えていた。杉谷さんがこう考えていたのは米子市が基本計画の認定を受けるかなり前からであった。結局、仕込みが早すぎて、㈱スカイと㈱法勝寺町は中心市街地活性化法の認定を受ける前に会社ができてしまった。杉谷さんは当時のことをこう振り返る。「それぞれの事業はしっかりした事業なので心配はしていなかったけれど、万が一、中心市街地活性化法の認定自体が受けられなかったら彼らに何とお詫びをしていいかわからなかった」。

タウンマネージャーの仕事は「彼らのできないことをやること」

次に考えたのは、事業の実施主体をどうするかということであった。中心商店街はどこも体力は疲弊し、新たな投資をする余力は全くなかった。しかし国の支援を受けるためには受け皿（組織）が必要だ。国の支援は受け皿となる組織の出資者の構成によって補助率が変わる。通常の補助率は二分の一だが、中小企業者の出資割合が三分の二以上だと補助率は三分の二と跳ね上がる。杉谷さんはこの出資割合を念頭にそれぞれの地域で事業を仕掛けていった。基本計画の認定を受けた時にはすでにいくつかの事業はいつでもスタートを切れる状態までその熟度は高まっていた。

杉谷さんのタウンマネージャーとしてのスタンスは極めて明快だ。それは「彼らのできないことをやってあげること」だ。彼らができることは彼ら自身がやる。できないことはこちらがやってあげる。だから若手経営者にはいつも「煩わしいことはこちらがやるから、みんなは自分のリスクだけ取れ」と言っている。彼らにとって杉谷さんは、父親でもあり、時には兄貴分でもあり、またある時はコンサルタントでもありメンター（精神的な支柱）でもある。杉谷さんがそれを成せるのはこれまでの経験や能力もあるが、何よりも「自分たちの住む米子が何とか魅力あるまちになって欲しい」と思う、まちに対する強い愛情から来るものではないかと思う。もう一つ「タウンマネージャーは逃げないことが大事」だという。杉谷さんのこの逃げないというスタンスが若者から圧倒的な信頼を得ている最大の要因である。

従って、自ずと杉谷さんの守備範囲は広くなる。先ほど言ったように、より有利な支援を受けられる組織になるように出資者の構成を誘導していったり、補助を受けるための申請書類の作成や様々な手続きも彼らに代わって行った。また場合によっては、賃料の設定交渉から、テナントコーディネーションまで手伝うこともある。この杉谷さんの関わり方に「やってあげ過ぎではないか」という方もいるかもしれないが、私はイベントなどソフト事業であればともかく、ハードの投資を伴う事業に関して言えば、「素人が一生懸命頑張ったけれどダメだった」では許されないと考えている。過保護であってはいけないが、個人の能力だけでは無理な部分はタウンマネージャーなどが側面から支援をしながら、事業を推進していくことは望ましい姿だと思う。

結果的に三つ揃ったからトライアングル

「あとから思うことだが、一生懸命活性化の芽を育てて、結果的に三つ揃ったからトライアングルというストーリーができた」と杉谷さんは言う。本来であれば大きな方向性が示されて、それに基づいてそれぞれの事業が展開されるのが望ましい姿であろう。しかし米子の場合は「ゲリラ戦であった」と杉谷さんは振り返るように、最初から大きな「絵」など描ける状態ではなかった。それほどに中心市街地は衰退していた。そこからやる気のある人と可能性のある物件を見つけてきて事業に磨き上げてきたのが、ここまでの米子の取り組みである。

「場当たり的だ」言われればそのとおりではあるが、地元のプレーヤーが不在なのに出来もしない「絵」をコンサルタントに描かせてしまう計画づくりよりはよほどいいのではないかと思う。地元のプレーヤー不在の計画は絵に描いた餅だ。これからのまちづくりはバブルな計画でなく、身の丈にあった事業を計画、実施しながら、人々が使いやすいコンパクトなまちづくりを目指すべきだ。

第二次リーグ進出を目指して

米子の中心市街地再生の取り組みは緒に就いたばかりだ。杉谷さんは「この五年間は予選リーグ。予選で通過できたまちだけが第二次リーグに進出できる」と本気で考えている。そのためには小さくても成功の連鎖を続けて若者のやる気に次々と火をつけていかなければならない。杉谷さんは「現在のような厳しい時代にはサラリーマンにはならずに独立開業を目指す若者がまだいる」と思っている。彼らと杉谷さんが出会って、次々と新しい取り組みをスタートさせる。そんなことを繰り返すことで、米子が元気なまちに一歩ずつ進んでいくことを期待したい。

今回の改正まちづくり三法では、五年という期限を区切って中心市街地活性化基本計画を作成することとなっている。しかしながら、まちづくりというものは五年ではできないことがほとんどだ。今後は長期的な目標をしっかりと認識しないと、この短期的な五年が「木を見て森を見ず」的な事業ばかりとなってしまう。

まちづくりにとって短いこの五年は、まちづくりの最終目標をしっかりと見定める期間であり、また、短期的に集中してすべきことを確実に成功させ、次のステップに着実にステップアップする期間である。このステップは、一言で言えば、「点」で活性化を図り、「線」「面」的な波及効果を狙うことだ。多くの成功事例はこのステップを歩むことが多い。米子市の中心市街地活性化も、このステップを意識しながら、長期的な視点でまちづくりに取り組んでいる。

広域圏のなかで米子市中心市街地を考える

杉谷さんは中心市街地だけに目が向いているわけではない。米子市周辺には水木しげるロード効果で年間三〇〇万人とも言われる観光客を呼び込む境港市や、年間八五〇万人が訪れると言われる松江市がある。山陰の交通の結節点である米子市は、現在でもこれらのうちかなりの割合の観光客が通過しているが、カネはほとんど落としてくれない状況だ。「もし米子に魅力的なコンテンツがあり、米子に立ち寄ってくれたならどうなるか。仮に合計一一五〇万人の一割が一〇〇〇円を消費したら約一一億円、一泊して一万円を米子に落としたら約一一〇億円のマーケットとなる。こうなると米子は現在と全く違った状況になる」と杉谷さんは言う。中心市街地にやる気のある若手商業者を呼び寄せつつある。今後はいかにして通過客を中心市街地に立ち寄らせ、財布の紐を緩めてもらうか。杉谷さんはすでに次の一手を考え始めている。

英国と米子のタウンマネジメントを比較する

ここまで米子の中心市街地活性化の取り組みについて紹介した。以下で、第2章で紹介した英国のタウンセンターマネジメントと杉谷さんのタウンマネジメントを簡単に比較してみたい。

英国では市が作成する基本計画をより効果的に達成するための中心的役割がタウンセンターマネージャーであるが、米子の場合も同様だ。中心市街地活性化に関心のある人々のコーディネーターとなり関係者の協働を促し、民間と行政の橋渡し役を主体的に行っている。また、財源の調達と利用を工夫することについても、より有利な財源を確保するために施策活用の提案や、組織づくりに関与するなど重要な役割を担った。

事業実施段階では、やはり英国のタウンセンターマネージャーと同様に、中心市街地の魅力向上に向けて複数の事業を動かした。情報発信、マスコミの活用では、中心市街地のプロモーション事業を効果的に実施している（ツボ6参照）。わが国ではテナントリーシング（テナント誘致活動）もできるタウンマネージャーはまだ少ないが、杉谷さんの場合はそれぞれの事業で積極的に関与した。

英国では、タウンセンターマネージャーの最も重要な活動は、様々な人と良好な関係を築くことであるという。米子の場合も杉谷さんは、様々な会合に出席して顔を売り、関係者の間にパートナーシップを構築し、仲介役を果たしている。また、中国経済産業局や中小機構中国支部と連絡を密に取り、有益な情報や支援、アドバイスを得ることも日常的に行っている。

事業の優先順位づけについては、「中心市街地活性化の最後のチャンスであり、スピード感を持って取り組むこと」「六〇点でもいいからとにかく進むこと」、そして、「できることからスタートさせよう」ということで何よりもスピード感を優先した。衰退が激しい米子市中心市街地の場合、慎重になればなるほど第一歩が踏み出せない。何もしなければ零点だ。それよりは六〇点でも進んだほうがいい。それが米子流の優先順位であった。

以上のように、英国と米子を比較して見ると、米子の杉谷さんが英国のタウンセンターマネージャーと非常に似た能力を持ち、行動していることがわかる。これだけの能力を兼ね備えているタウンマネージャーはわが国ではまだ少ない。今後杉谷さんのようなタウンマネージャーが増えてくることが望まれるが、ひとりでこれだけの業務をカバーできるタウンマネージャーを見つけるほうが難しい。そのときには複数の人間で役割分担をすればいいのであり、わが国ではむしろそのほうが現実的であるかもしれない。

4 地域が自立できる仕組みを導入した「熊本城東マネジメント」（熊本市）

ＢＩＤ（経済地区の活性化特区）から発想した地区の一体的管理

現在、熊本城東マネジメント㈱（以下、ＫＪＭＣ）の代表取締役社長である南良輔さんから「中心市街地における複数不動産共同管理事業」というテーマの実施計画書を見せていただいたのは二〇〇六年のことだ。南さんとともに同社の代表取締役になる一般社団法人エリア・イノベーション・アライアンス代表理事の木下斉さんがこの事業プログラム案を策定していた。地元の熱意をもった商業者の南さんと、事業プログラムを開発して各地で導入している木下さんとが連携し、日本における新しい中心市街地活性化事業をまさに始めようとしている時だった。

ＫＪＭＣの取り組みの基本的な事業スキームは、米国や英国などにおけるＢＩＤ（経済地区の活性化特区）で取り組まれている、不動産オーナーが地域内で連帯し、一体的な不動産共同管理による地域活性化を目指す仕組みである。米国等ではＢＩＤが州法で制定されており、一定の地域内合意が得られると、ＢＩＤの運営組織は、不動産オーナー、店舗オーナー等から税金のように負担金徴収を行える強い権限を持っており、その資金によって組織運営を行っている。

しかし「日本には同様の制度はないため、強制権による資金確保ではなく、経済的なインセンティヴに基づいて不動産オーナー、店舗オーナー等を集められる仕組みを構築する必要がありました。実は米国においてもＢＩＤが法制度化されるまでは民間で同種の絶え間ない努力があり、そのため、日本でも同種の努力をしていこうということで、これまで中心市街地において、店舗やビルが個々に契約をしていたゴミ処理やエレベータ保守、消防設備点検、フロア清掃などを一括契約に切り替え、個別のコスト削減を図るとともに、中心市街地をマネジメントするための財源を捻出し、次の投資につなげていこうと考えたのです」と木下さんは説明してくれた。

そのための契約のとりまとめや交渉業務、集金などをＫＪＭＣが行っている。補助金に頼らない自立したまちの経営を目指そうとするもので、我が国では前例のない画期的な取り組みだ。

自ら管理体制を持たない中心市街地の現状を打破する

代表の南さんをはじめＫＪＭＣの経営陣は、熊本市の中心市街地の課題について、「近年起きた熊本市郊外の大型店等の急増（23頁参照）は、中心市街地へ大きな影響を与え、来街率は毎年下がっている。中心市街地の求心力低下の一因は、市街地が歴史的経過の中で自然形成されてきたために、自らの管理体制を持たず、野放しともいえる状態のまま今日に至っていることにある」と言う。また、「熊本市の中心市街地においては、不動産管理などは戦後から個々の所有者の判断にゆだねられた体制が続き、商店街を構成する個々のビル及び店舗の郊外大型店に対する競争力は今後さらに低下する」と言う。

一方で、郊外大型店や再開発地区については、既に複数の建築物や契約店舗などを一括管理するシステムが存在し、最も効率の良いコスト構造、さらに共通ルールを持つことによって秩序ある空間管理を実現している。このようなシステムは、郊外大型店や再開発地区の付加価値を向上させ、魅力創出のための再投資を積極的に行う体力を形成することに繋がっている。

そこで、ＫＪＭＣの経営陣は、「中心市街地の魅力（付加価値）の低下の一つには非効率性があるが、今後中心市街地においても、郊外大型店や再開発地区と同様に、地区全体で日々の改善に恒常的に取り組むことで、無駄を可能な限り排除し、さらには顧客の購買意欲喚起に繋がるような魅力ある事業を独自に実施していくための正のサイクルが生まれる可能性があるのではないか」と考えた。

中心市街地のマネジメントを一括して行う会社を設立

ＫＪＭＣは会社設立趣意書のなかで、以下のように述べている。「熊本市の中心市街地を発展させていくためには、非効率性を解消し、自主財源たる基金を生み出し、恒常的に中心市街地内の競争力を高める正のサイクルを持った管理体制を築く必要があります。そのためには、中心市街地のマネジメントを一括して行う会社を設立し、市街地全域の効率化とルール作りを推進することで、日々の改善を促し、なおかつ積極的に魅力を創出する独自事業を展開していくことが必要であると考えるに至りました」。こうして、ＫＪＭＣは、地域が自立できる仕組みを持つ会社としてスタートした。

これまで中心市街地の中小商業者や不動産業者は、製造業とは異なり、コストの見直しや共同調達などを行っておらず、「生産性」が非常に低い状態であった。郊外の大型商業施設が乱立しているなど、中心市街地では売り上げ増加が困難である現在において、また、少子高齢化などの影響で今後売上が伸び悩むことが予想されるなかにおいては、中心市街地の「生産性」を改善することで、同じ資金でより多くの財源を生み出し、効果的に地域内で再投資される仕組みを作ることが活性化の近道だということだ。そのためには、「地域全体で費用を低減するような事業を共同で実施していくことが必要であり、また、それを日常的に改善していく仕組みが中心市街地経営の基本である」とＫＪＭＣは考え、事業経営を行っている。

基本となる事業モデル

基本となる事業モデルは、個別に契約している様々な管理業務を一元化し、各加盟店の負担を引き下げることで生まれる差益によって、中心市街地にとって必要な投資事業の実施と組織運営コストを捻出して

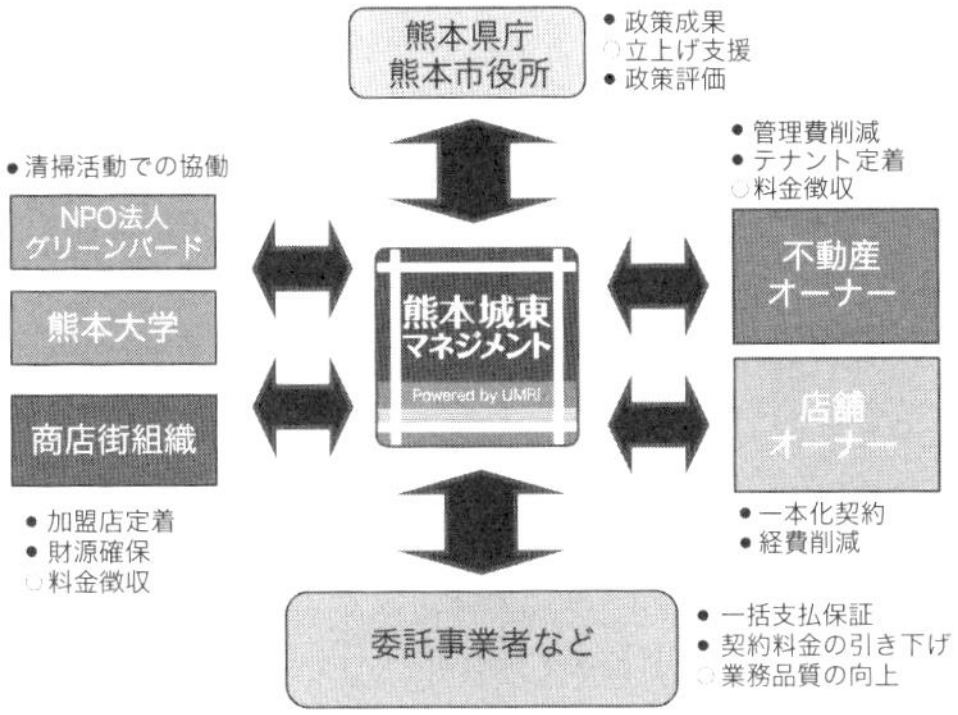

熊本城東マネジメントとステークホルダー（利害関係者）との関係
（出典：熊本城東マネジメント公式ホームページ http://www.kjmc.jp/）

いくとともに、生産性改善によって生まれた基金を次なる成長に活かす。具体的に言えば、上の図のように、短期的な基金の活用としては各店舗や不動産オーナーに還元し、各事業の収益改善に活かし、中期的な活用としては組織運営を行ううえで必要な費用として使い、ＫＪＭＣの組織強化に活かす。そして長期的な活用としては地域の課題調査や必要な機材の購入といった地域の持続的発展のための資金として活用するということだ。

スタートはゴミ処理事業、その後複数事業へ展開

ＫＪＭＣは、様々な事業を同時に開始するのではその調整に時間がかかることから、先ず小規模でも限られたエリアでもよいので事業を開始し、のちにエリアや事業を拡大することとした。スタートは二〇〇八年九月。ゴミ処理事業を中心市街地の城見町地区で開始し、その実績をもとに下通二番街地区、上通地区へと拡大していった。加盟店は当初城見町通りで五五店舗からスタート、二〇〇九年一二月に下通二番街が加わり、さらに上通商店街も参加し二〇一〇年八月現在で一四六店舗、六商店街の参加体制になった。

具体的には商店街から排出される事業系ゴミの一括契約を行い、独自に策定したゴミの廃棄ルールにより管理・運用をしていくものだ。年間のコスト削減額は、二〇〇九年度は約一七五万円、二〇一〇年度は四三〇万円（推計値）と見込まれている。なお事業もゴミ処理事業以外に、エレベータ保守契約、消防保守などに展開しようとしている。また、熊本大学工学部と共同研究を開始し、エネルギーマネジメント事業の検討も行っている。

リーダーたちの想い

南さんは「〈地域が元気になる〉というような抽象的な言葉では、これからの地方は壊滅してしまう。それぞれの中心市街地が、経済性や効率性を訴求していくのか、逆に体験型観光（145頁参照）に代表されるようなゆとりや癒しに特化していくのかの選択の時代になった」と言う。中心市街地を取り巻く環境は大きく変化したのだから、中心市街地はこれからどのような方向性で生き残るのかを自ら選択しなければならないし、中心市街地を維持していくためには、そのまちや時代に合った仕組みを構築していくしか生き残る方法はないというのが南さんの考え方だ。南さんたちの場合は、ＫＪＭＣの事業を通じて経済性や効率性を訴求しつつ、コミュニティの維持も目指したいと考えている。南さんは「これからどうすれば中心市街地が存続できるのかを真剣に考える時期に来ている」と言う。

私たちはどうだろうか。これまでどおりのやり方で幸せに生きていけるのであれば、何も変える必要はない。しかし、時代は大きく変わってしまったのだ。だから私たちも南さんのように「今までどおりのやり方では通用しない」ということに早く気づかなければならないであろう。自分たちの子孫が幸せに暮らせるまちにするにはどうしたらいいのか。それを考えるのが私たちの責務であると思う。

熊本市以外の他の地域でも同様の取り組みがはじまった

ＫＪＭＣの取り組みは、理念としては誰もが賛同する事業であるが、これまでの契約を一度リセットする作業があるなど、ドラスティクな（思い切った）判断を伴うことから、そう簡単に導入できるものではない。しかし、中心市街地を統括的に管理し、中小の不動産の契約事務の見直しや店舗誘致のコンサルティング事業などを行うＫＪＭＣの役割は、民間資本で設立されたこと、利益を市街地活性化に向けて再投資すること、行政の補助金に依存せず自立した市街地への転換を目指す先駆的な取り組みであること、そして、市街地に共通する日常業務を効率化することで継続的に自己資金を生み出し、組織的に再投資する仕組みづくりを行うことなど、これからの中心市街地活性化に非常に重要なものとなる可能性が高い。

同社の代表取締役である木下さんが中心となって、札幌市の札幌大通りまちづくり会社でも同様の取り組みがスタートした。既に盛岡市等複数の都市で事業開発が進んでおり、これらのまちづくり会社や商店街組織の連携体制を作るため、関係者で一般社団法人エリア・イノベーション・アライアンスを発足させ、二〇一一年から本格的に活動を始める。地方の中心市街地が自立していくためのひとつの重要なツールとして、日本各地でこのような取り組みが始まることを期待したい。

ツボ2　明確な方向性と戦略を持つ

特に衰退の激しい中心市街地を再生することは難易度の高い作業である。人間に例えれば、衰退の激しい中心市街地は重篤な患者であり、なかには生死の境にある中心市街地もある。中心市街地活性化で一定の成果を出した英国でも、全ての中心市街地を再生できたわけではなく、衰退が相当以上に達してしまった中心市街地を再生することはできない場合もあるという。重症患者に応急処置だけしていても病状は改善しないのと同様に、衰退した中心市街地に再びにぎわいを戻すためには応急措置的なその場限りの活性化策を講じても何ら事態は改善されない。重症であればあるほど治癒すべき根本的な原因を把握したうえで、明確な方向性を持って行動することが求められる。

では、どんな方向性を持って中心市街地の活性化に取り組むのか。様々な切り口があることを承知のうえで、ここでは「生活者のためのまち」と「来訪者のためのまち」という二つの切り口で考えてみたい。

生活するために必要最低限の機能が失われた中心市街地は、「生活者が普通に暮らせる機能」を取り戻すことが先決である。従来の「衣・食・住」に代わり、今後は「医・食・住」の三つの機能を生活者の視点からいかに整備していくかが重要だ。

このうち特に「食」は深刻だ。郊外との競争に負けて多くの中心市街地から食料品を扱うスーパーや青果店、精肉店、鮮魚店といった生鮮三品を扱う店が消えてしまった。中心市街地の売場面積と同等規模のショッピングセンターが台風のように郊外に上陸して、中心市街地にある商店の売上を根こそぎさらっていってしまった。体力を奪われた商店はやがてその生涯を終えていった。中心市街地には住民だけが取り残された。それも比較的年齢の高い住民が多い。これまでの便利であったはずの中心市街地の住民が生活難民となってしまった。中心市街地の住民は何も豪華な生活を望んでいるわけではない。日常の買物ができる権利が欲しいだけだ。生活機能の消失は自由競争を一気に加速させたことの歪みとも言える。ツボ2の前半はまずはこの「食」の機能を取り戻す事例を紹介したい。

一方で、「来訪者のためのまち」は、まちの付加価値を外部に情報発信してまちに来訪してもらい、そこで買物や食事を楽しんでいただき「外貨」を落としてもらうまちづくりだ。地域の強みを徹底的に磨く、あるいは埋もれていた地域資源を掘り起こすなどの取り組みによって、魅力的な地域資源を情報発信し、地域外からお客さまを集める。ポイントはいかにリピーターを増やすかである。「来訪者のためのまち」に取り組んだ事例は、第2部の後半でも様々なものを取り上げたい。

1　誰も助けてくれないなら自分たちで　日本一小さな百貨店「常吉村営百貨店」（京丹後市）

日本の多くの中心市街地が疲弊している。過去には繁栄していた中心市街地でさえ厳しい状況だから、そもそも中心市街地ではない地域の衰退はさらに深刻だ。なかには限界集落と化している地域もあり、限界集落化現象は残念ながら今後さらに増えると考えられる。

このような衰退した地域では、これまであった商業機能を一気に失ってしまう例が多い。地域唯一の食料品店が過疎化による人口減少で売上を大きく減らし、やがて閉鎖する。地域の住民は途方に暮れるが、再び食料品店や小型のスーパーが出店することは皆無だ。

多くの地域ではこのような状況に陥ったら諦めてしまう。「私たちは買物難民だ」と。

何もなくても諦めなければ元気な百貨店ができる

しかし、京都府の丹後半島の付け根の京丹後市（旧大宮町）にある「常吉村営百貨店」は、地域の住民が諦めずに、そして誰にも頼らずに、日本一小さな百貨店「常吉村営百貨店」を作ってしまった。「諦めなければ何とかなる」いや、「諦めずに何とかした」のが常吉村営百貨店だった。その取り組みは、実は商業機能の復活にとどまらず、地域の茶の間を作って地域住民の交流を促進したり、地域の高齢者の生きがいを作り出したり、「外貨」を稼ぐ仕組みを作ったり、さらには体験学習などを始めて地域外からの交流人口を増やしたりするなど、元気の出る「村」にしてしまった。何もなくても諦めなければ元気な「村」ができるのだ。いや何もなくはなかった。唯一そこには「すばらしい人」がいた。

常吉村営百貨店の全景

「常吉に住んでよかったなぁ」と思える「こと」

二〇一〇年のとある日。「常吉村営百貨店」を訪問すると、㈲常吉村営百貨店の代表取締役の大木満和さんが満面の笑顔で迎えてくれた。以前お会いしたのは四年前のことだ。大木さんはあの時と同じ笑顔で迎えてくれた。大木さんには笑顔がとても似合う。この「常吉村営百貨店」は外観がログハウス風の百貨店だ。外観からは百貨店とはとても思えない。でも常吉地区にとっては立派な立派な百貨店だ。この「常吉地区」は京都駅から電車を乗り継ぎ約二時間半。最寄の駅から車でさらに一五分ほど走った里山の中にある。全一五〇戸の常吉地区は限界集落と言われてもしようがない地区だ。

大木さんはこの「常吉」で生まれた。高校を卒業後、京都の衣料問屋に勤務した後に故郷の常吉に戻ったが、以前と異なり地域の付き合いがすっかり途絶えていた。地域の絆を取り戻そうと、大木さんは友人たちに呼びかけ、月に一回飲み会を開くようになる。その後、若手のグループを立ち上げ、夏祭りなどの村の行事に主体的に関わっていった。一九九五年には行政の支援もあり、大木さんは「村づくり委員会」を結成する。

「村づくり委員会」では、地域に「あるもの」「ないもの」「欲しいもの」は何かを、ワークショップを通じてみんなで考えた。そこから村の課題がたくさん出てきたが、「現実を直視することはとても大切なことだけど、課題ばかりを考えていても何も変わらない。まずは村民の意識改革を図らないと危機の打開はあり得ない」。大木さんらは「村づくり委員会」の大きな目標を「山間地域にある当地区の農業と農地と山林を守り、村の集落機能を存続させ、子供も大人も元気のある村を作っていく」こととし、そのうえで、地域活性化の基本理念を「人と人のふれあいを大切にする」と決め、多くのふれあい事業を手がけた。「寺子屋塾」は村のおっちゃんが先生だ。太極拳や英語、裏山でできたきのこの勉強など、子供と大人とがふれあい、地域を学ぶ生きた勉強の場となった。「パンプキンフェスティバル」は村内で育てたかぼちゃの大きさを競うお祭りだ。過去にはなんと二〇〇キロを超えるカボチャが登場したこともあった。その他にも、平地地蔵夏祭り、万灯籠と大花火大会、秋祭り、大根炊き、イルミネーション点灯など、地域に昔からある祭りと新しい取り組みを組み合わせながら、人と人とがふれあえる機会を一つひとつ積み重ねてきた。村民が「常吉に住んでよかったなぁ」と思えることを一つひとつ実践してきた。祭りやイベントを通じて仲間が生まれ、人材も徐々に育っていった。「常吉という地区を維持していくために、地域のコミュニティを絶やさないことと人づくりをすることをずっとやってきた」と大木さんは話してくれた。

突然のピンチと「常吉村営百貨店」の誕生

大木さんたちの活動により「常吉地区」は少しずつ活気を取り戻していった。しかし、ピンチは突然やってきた。市町村合併に伴い、常吉地区の農協支所の閉鎖が決定したのだ。常吉地区で食料品を扱う唯一の店であり、地域の農業振興と住民生活の利便性を一手に担い、地域コミュニティを支えてきた農協支所は、住民からはなくてはならない施設として親しまれてきた。そもそもこの支所は、旧常吉農協として発足する際に、用地確保や施設建物などのほとんどが村民の寄付によって作られた。以来、村民の共有財産のように利用・運営されて来た経緯があり、農協の廃止撤退に地域の多くの人々は憤慨し、村をあげて反対運動が起こった。大木さんも当初はみんなと同様に反対運動に加わった。

しかし大木さんは考え直した。「いくら反対しても農協の意向は覆りそうもない。ならば、この場所を借りて自分たちの店を作ればいいじゃないか。ピンチじゃない。ピンチはチャンスと思うべきだ」。大木さんの態度が変わったことに当初は周りから批判や意見もあったという。

この自分たちの店こそが「常吉村営百貨店」である。大木さんはこの「百貨店構想」を提案し、村民に一口五万円以上で一般公募で出資を募った。一般公募にしたのは「一人ひとり口説いて出資を募るのが普通だけれど、全村民でやるんだという意識をもってもらいたかった」と言う大木さんの想いがあった。この呼びかけに三三人が応じ、三五〇万円の資本金で農業生産法人として㈲常吉村営百貨店が誕生した。

何でも揃うから「百貨店」

大木さんと私の初めての出会いは、私が隣町のショッピングセンターの経営診断にお邪魔したときだった。大木さんはここでジーンズショップを経営していた。日に焼けた小麦色の顔が印象的だった。「常吉村営百貨店」の立ち上げにおいて、大木さんは、ジーンズショップでの経営の経験と、全国のまちづくり、商業活性化の事例の視察、そして常吉の高齢化が進む現状を踏まえ、仲間たちとも議論を重ねて、店のコンセプトを決めた。「農業と暮らしを柱にし、地域活性化の拠点にしよう。リスクを抑えるために、設備投資にカネがかかる加工品事業は行わない。よろずやに徹し、地元の農産物や手作りの特産品の販売にも力を入れよう」。こうして、ジーンズショップとの二足のわらじでの生活が始まった。初期投資は、店舗改装費や商品仕入代金も含め約一千万円かかった。

「常吉村営百貨店」は何でも揃うから「百貨店」だ。売場はたったの二五坪しかない。地元で採れた米や野菜、肥料、資材などの農業関連品、日常生活に必要な生活雑貨品、加工食品などが所狭しと並ぶ。また、後継者不足や高齢化に悩む農家に対し、農作業の受委託を実施し、新鮮で安全な農作物を迅速に仕入れて

何でも揃う「常吉村営百貨店」の店内

大木満和さん（左）と私

いる。店頭に並ぶ新鮮な野菜や果物はすべて地域の高齢者が無農薬で栽培したもので、「ピュア常吉」というブランドも作った。高齢者の副収入も増えて、いわば葉っぱビジネスで有名な徳島県上勝町の農村版とも言える。

店内には、三千品目以上の商品が並び、ないものは取り寄せる。取り扱うのは物販だけではない。クリーニングや宅配便、コピー、写真現像から一人暮らしのお年寄への宅配サービスや法事用弁当の手配など、必要なサービスは全て対応する。農作業や地域の情報発信なども行っている。「常吉村営百貨店」の宅配は単に「もの」を配達するだけではない。地域のできごとやいたわりの気持ちやまごころも届ける。特に独居老人には心の支えになっているという。また、地域の拠点になればと、店内にベンチと給湯ポットを設置してあり、いつでも「井戸端会議」の会場に変わる。この「百貨店」があるからこそできることがたくさんある。

一〇年目の危機

百貨店経営は順調だった。ところが、開業一〇年を迎えるころに試練が訪れる。原油の高騰による不況の波が押し寄せたのだ。売上は激減した。「もしかしたら今が引き際なのかもしれない」。大木さんはこの年（二〇〇七年）一二月八日の常吉村営百貨店通信にこのように書いた。

おかげさまで十周年
皆様のおかげで十周年。頑張ってきました。無から有を生みここまで来ました。これからも継続したいと考えていますが、なかなか営業ベースに乗りません。地元産の野菜の出荷量も伸びてきません。このまま経営をし続けることに限界を感じています。しかしこの地に「常吉村営百貨店」は必要だと感じています。再度皆様の協力が必要です。何か「常吉村営百貨店」に出来ることお伝え下さいませんか。常吉のこの地で生活するために必要なこと、「常吉村営百貨店」にできることはありませんか。色々な意見をお聞かせ下さい。そして売上にご協力下さい。「常吉村営百貨店」を維持するために。

常吉村営百貨店

すると、一人暮らしのおばあさんから手紙が寄せられた。「店をやめたら食べていけない。何とか続けてくれないか。私一人で言ったところで無理だとはわかっている。でも続けて欲しい」と綴られていた。大木さんは仲間たちに相談した。店に泊り込んで考え続けた。一週間を過ぎた頃、店の壁に掲げられた国からの賞状が目に入った。地域づくりに取り組む先進団体として評価されたときのものだ。この賞状とおばあさんの手紙を見たときに、「あぁこれまでやってきたことは間違いじゃなかったんだ。よし、何とか続けよう」と大木さんは思えたという。

翌日から、経費を抑えるために、当面の間パートを除きスタッフは全員ボランティアの態勢で臨んだ。大木さん自らもジーンズショップの経営は夫人に任せ、「常吉村営百貨店」に専念することにした。在庫量を減らしたり、商品構成を見直すなどして経費をさらに削減、また宅配サービスを撤廃し、高齢者の生産する農作物をこれまで以上に多く仕入れ、販売していった。その甲斐があって業績は黒字に転じた。地域の人たちと危機を乗り越えた。嬉しかった。思い出すと今でも涙が出てくると言う。

常吉村営百貨店の体験プログラム

「常吉村営百貨店」では近年、体験プログラムを取り入れている。農業の体験では一〇〇キロを超えるかぼちゃの収穫を手伝う「巨大かぼちゃ収穫とフェスティバル体験」、ものづくりの体験では、農村の遊び方やものづくりの難しさを体験する「竹鉄砲づくり体験」、食文化の体験では、柿を木から収穫し干し柿にする「柿ほり、吊るし柿作り体験」、地元産の粉でそばを打つ「そば打ち体験」、大根の収穫から塩漬けまでを体験する「大根漬物体験」、地元産のこんにゃく芋と常吉のおいしい水で作る「こんにゃく作り体験」などだ。参加者からは「田舎らしい体験ができてよかった」と好評だ。大木さんは「今後は農家民泊も取り入れて、そばやこんにゃく芋を育てるところから参加してもらい、常吉の良さや食文化についてじっくりと体験して欲しい」と思っている。

誰も助けてくれない。ならば自分たちでする

まちづくりの原点とも言える「常吉村営百貨店」の取り組みには参考になることが山ほどある。まず何よりも素晴らしいのは補助金に頼らずに自分たちで運営をしていることだ。「誰も助けてくれない」と諦めるのではなく、「じゃあ自分たちでやろう」という発想の転換、諦めない気持ちが素晴らしい。これは大木さんのリーダーシップがあったからできたことである。また品揃えの多さにも驚かされる。三千品目もの

商品を取り揃え、サービス機能も充実している。コンビニにも負けないと言ったら言い過ぎだが、それにしても素晴らしい品揃えである。

また、店頭に地域の高齢者が無農薬で栽培した野菜を置き高齢者の副収入となっていることや、地域の拠点になればと店内にベンチと給湯ポットを設置していることなども、住民の生活やコミュニティを考えた取り組みだ。さらに体験プログラムを導入し、常吉地区とそれ以外の地区から来た人たちとの交流を促進している。最大のピンチを絶好のチャンスととらえ、「百貨店」を作って、それを中核にして地域おこしを行い、結果として生き生きとした地域を作り上げてしまった。

最後に、大木さんや常吉村営百貨店の気持ちが、この体験プログラムの案内葉書に書かれている。「わたしたちは常吉に生まれ、常吉に育てられてきました。子供たちが誇れる故郷でありたいと願っています」。そして、「こぼれる笑顔といっしょにあなたのふるさとに逢いに帰って来ませんか？」。

2　買物難民問題と正面から向き合う　「徒歩圏内マーケット」（熊本県荒尾市）

「常吉村営百貨店」は農村地区の取り組みであるが、市街地で同様の取り組みをしている例がある。熊本県荒尾市の「徒歩圏内マーケット」だ。かつて「炭鉱のまち」として栄えた荒尾市は、炭鉱閉山後に人口の流出や高齢化、さらに日本全国の郊外がどこも同じ風景になったと言われる大型店の郊外出店などで、中心市街地は衰退の一途を辿っていた。そんななかで、官民が協働しながら地域再生に取り組んできたプロジェクトがこの「徒歩圏内マーケット」だ。

「徒歩圏内マーケット」第1号店「青研」店頭の風景

「徒歩圏内マーケット」第一号の「青研」

JR荒尾駅から車で一〇分ほどのところにある中央商店街の一角にその店はあった。「徒歩圏内マーケット」のひとつである「青研《あおけん》」だ。中央商店街は、広い道路沿いに店舗が点在していてあまり商店街らしくない。その中央商店街にある「青研」には、地元の野菜や果物を中心に、やはり地元の農家の手作りの漬物やパン、お菓子、それにちょっとした日用雑貨も置いてある。

「青研」の看板娘はレジ担当の田尻幸恵さんだ。お客さんは買物難民となってしまった高齢者の方が多い。お客さんも、そして出荷する農家のおばちゃんもみんなレジで田尻さんと世間話をして帰る。ときにはレジの前に用意された背もたれのない椅子に座り田尻さんと話し込む。彼女はにこやかにみんなの話を聞く。みんな「青研」に来るのが楽しみだという。いまではまちの井戸端会議の「場」となった「青研」だが、ここまでの道のりは瓢箪から駒であり、紆余曲折があった。

道の駅構想の頓挫とワイナリーづくり

「徒歩圏内マーケット」のきっかけは二〇〇四年まで遡る。二〇〇四年度に荒尾市は国から地域再生計画の認定を受けた。地域再生計画とは、地域自らの知恵と工夫により地域資源を有効活用し、地域の雇用創造と地域経済の

「青研」のワイナリーの保管庫と製造ライン

活性化を図ることに対して国が支援していこうというものだ。荒尾市の場合は「中小企業及び観光と農漁業の共生対流」というテーマで認定を受け、「当初は道の駅のようなハード事業を公設民営で行う予定だった」と荒尾市役所の上園満雄さんは当時を振り返る。しかし、公設民営の話は、バブル経済崩壊の影響で民間事業者の体力がなくなって賛同が得られず、棚上げになった。

袋小路に入ってしまった地域再生計画。そんな時に地域再生計画の支援メニューで地域再生マネージャーとして荒尾市に来ていた斉藤俊幸さんが、神奈川県横須賀市で商店街の空き店舗でワイナリーをしてまちおこしをしていたことを知る。「ハード事業は当面無理なので金のかからない空き店舗を活用した事業に変えよう。荒尾も横須賀市のようにまずは空き店舗を活用してワイナリーをやってみようじゃないか」ということになった。

さっそくいくつかの商店街に声を掛けてみたが、市内の商店街はどこも衰退が激しく、また高齢化も進んでいることもあって誰も手を上げない。唯一可能性があったのが若手のいる中央商店街だった。上園さんは斉藤さんと一緒に商店街の一五軒ほどの組合員全員に説明に回った。「ワイナリーを作りませんか?」。その問いかけに、商店街のメンバーはあまりにも突然の話にただただ驚くだけだったようだ。「ワイナリーって?」「焼酎文化の九州で誰

「青研」の店内風景とオリジナルワイン「荒尾乃葡萄酒」

がワインを飲むのか?」。斉藤さんが関わった「横須賀おっぱまワイン」によるまちづくりの話も紹介するなどした結果、最終的に五人が残った。結局説得するのに三ヶ月もかかった。

「徒歩圏内マーケット」のスタート

空き店舗はメンバーの一人であるカメラ屋の清田さんの店の隣だ。当初はこの空き店舗を改装してワイナリーを作り、残った部分はまちの交流スペースとして整備することを考えていたが、上園さんの提案で「ものも売ろう」ということになった。上園さんの想いは「農漁業と製造業と小売業のネットワークを作ることで地域の再生を図りたい」というものだった。上園さんは農林水産課にいた一五年ほど前に郊外に農産物直売施設を作ったことがあったので、直売所のノウハウを持っていた。「このノウハウを使えばできる」。上園さんはそう思ったのだ。斉藤さんのワイナリーと上園さんの農産物直売施設が併設された店舗のシルエットがおぼろげながら見えてきた。ここから上園さんと斉藤さんに中央商店街の五人とレジの田尻さんも巻き込んだ「徒歩圏内マーケット」によるまちおこしがはじまるのであった。

さて、中央商店街で運良く?残ったのは、ガス屋、電気屋、写真屋、金物屋、バイク屋の五人。まずはワインの醸造免許を申請するためにワインの勉強をゼロから始めながら、ワイナリーの一角で二〇〇五年五月から青空市として農産物の直売所をスタートした。最初は農産物中心で、売上も一日二〜三万円ほどに過ぎなかったが、徐々に農家からの出荷も増え、この年の一二月になり農産物以外も品揃えができるようになったことから、多い日は二〇万円以上を売り上げる日も出てきた。農産物は委託販売だ。売り上げの一五％を「青研」がもらい、後は生産者に振り込む。在庫のリスクがない代わりに利幅も薄い。

地元の活性化のためにみんなが汗をかく

この年の一一月には五人で中央青空企画という企業組合を設立した。出資金は一人一〇万円で五〇万円だ。しかし空き店舗の改装費やワイナリーの設備を入れるのに三五〇万円ほどかかる。ワイナリーには補助が二分の一出るがまだ足りない。彼らは悩んだ挙句サポーター制度を導入することにした。一人一万円を協賛金としてもらう制度だ。サポーターには加入時にワイン三本を差し上げるほか、店の商品の購入代金を一五％割り引くことにした。このサポーター制度で約一五〇万円を集めることができた。これで借金することなく事業をスタートできるようになった。

「青研」の皆さんは誰もが働き者だ。棚は全て自家製で自転車屋さんの担当。ワインのテイスティングは電気屋さんの仕事だ。かなりの額をワインのために費やしているらしい。その成果かワインの質もだいぶよくなってきたようだ。肝心要の経理はガス屋さん。写真屋の清田さんが全体に目配りする役割だ。そして理事長は最年少で金物屋の弥山さんで、役割は外部対応だ。彼らは自分たちができることは全て自分たちでやるため、今でも無借金経営だ。「青研」の皆さんはチームワークもよい。誰かに任せきりにすることはせずに、毎週火曜日の夜に五人が集まり「青研」の課題や運営について話し合う。この「経営者会議」は毎週欠かしたことがないという。

一方、徒歩圏内マーケットである「青研」を日々取り仕切るのは田尻さんだ。忙しいときは助っ人を呼ぶ。田尻さんはレジから品出しから商品管理までやってしまうスーパーウーマンだ。近所のお年寄りもみんな顔見知りだ。毎日田尻さんがいるから安心して来ることができる。

「徒歩圏内マーケット」とは何か?

改めて、「徒歩圏内マーケット」の内容や事業スキームについて見てみよう。「徒歩圏内マーケット」という言葉は地域再生マネージャーの斉藤さんが名づけたネーミングだ。名前の由来は、有明高専に「青研」のワインのタンクの製造のほかにマーケット調査をしてもらったことがきっかけだった。このマーケット調査の結果、来店する方はおよそ三〇〇mの範囲から来ていることがわかった。徒歩圏の範囲である。だから「徒歩圏内マーケット」なのだ。「徒歩圏内マーケット」は、商店街の空き店舗を活用した小さなスーパーマーケットの名称だ。このミニスーパーマーケットは、半径三〇〇m、世帯数一五〇〇戸を商圏とするもので、お客さんのターゲットはご近所に住む高齢者のみなさんだ。歩いて買い物に来る高齢者の日々の暮らしを賄う商品を揃えている。二〇一〇年一〇月現在、荒尾市内に二ヶ所ある「徒歩圏内マーケット」は、いずれも一日一〇万円を超える売上を出す繁盛店になっているという。

では、「徒歩圏内マーケット」はどのようにして採算ラインに乗せているのだろうか。先ほども述べたように「徒歩圏内マーケット」は半径三〇〇m以内に住む一五〇〇世帯を商圏としている。この一五〇〇世帯が毎日七〇〇円買い物をすると、一日の売上は約一〇万円になる。月二五日営業したとすると月商は二五〇万円だ。ここから手数料として売上の一五％ほどをいただくので手元に三七万五千円が残る。この金額で人件費、家賃、光熱費などの店舗運営に係る経費を賄うことが可能だという。ただし、一五〇世帯から信頼を勝ち取るまでには相応の時間と努力は必要だということで、安定的な売上を確保するまでに約一年かかったという。

加えて、「青研」の場合は、店の横にワイナリーを作り、地元産のワイン「荒尾乃葡萄酒」を製造、販売し、売上増を目指した。初期投資については、当たり前の話だが、空き店舗など未利用の建物をできるだけ安く借り受け、できるだけ自分たちの手で必要最低限の改修を行い、必要な設備も可能な限り中古で揃えるなど、カネをかけないようにすることを心掛けた。小商圏での商売だから大きな利益を上げることは難しいので、店舗にかける初期投資をできるだけ抑えることは絶対条件なのだろう。

開設するメンバーは、その地区でリスクを恐れず地域のために頑張るやる気と勇気を持った皆さんだ。店舗を運営する組織と、商品を出荷する組織を作って、両者が連携しながら経営をしていく。出荷組織は農家などに限られるが、運営組織は、商店主でも農家の人たちでも地域住民でも誰でも可能だ。やる気のある人たちが運営組織を作って、様々な人たちと連携しながら開設、運営している。

買い物場所の確保にとどまらない「徒歩圏内マーケット」の効果

高齢者が日々の暮らしに必要な食料品や日用品を歩いて買いに来ることができる「徒歩圏内マーケット」の効果は、単に買い物場所の確保にとどまらない。地域になくなりかけていたコミュニティの復活にも大きな役割を果たしている。高齢者が求めているのは、歩いて行ける買い物場所はもちろんだが、店や近所の人との日常会話であったり、生鮮食品を店に届ける農家の人たちとの作物の出来、不出来の会話だ。宅配は生活必需品を自宅まで届けるという意味ではとても便利だが、コミュニケーションは限定的だ。近所の人との会話などは人が日々の暮らしを営むうえでの楽しみでもあり、そのような場所が歩いて行けるエリアにあることは、年をとっても安心して暮らせるコミュニティ作りに一役も二役も買っているといえるのではないだろうか。また、地元生産者にとっても新たな販路が確保できたことで、副次的な収入を得ることができるなど、そのメリットは大きい。さらには、「青研」の前の空き店舗に地域の主婦の皆さんが運営するコミュニティレストランがオープンするなど、波及効果も出てきているようだ。

地域の人が他人に頼らないで、自分たちの力で商業を復活させ、さらには小さな産業を興し、地域のコミュニティを作っていく。全国からみれば小さいけれど、その地域にとってはとても大きな事業だ。

「にんじん畑」の閉鎖

三店舗あった「徒歩圏内マーケット」のうち、駅前商店街にあった「にんじん畑」が二〇一〇年八月末をもって閉店に追い込まれた。近隣にチェーン店の激安の生鮮スーパーが出店したのが大きな原因だ。チェーン店は生き残りのためになりふり構わずに出店をしてくる。弱肉強食の世界では植物のようにその地に根を張る「徒歩圏内マーケット」の立場は弱い。しかし、「徒歩圏内マーケット」は単なる買物機能以外にも重要な機能を持っている。その地に根を張る「徒歩圏内マーケット」に、周りのみんなが水をあげれば小さくても生きていくことは可能だったのではないかと思う。

徒歩圏の小売店は地域のライフライン

これまで見てきたように、「常吉村営百貨店」や「徒歩圏内マーケット」では、地域の方々が絶望的な状況に陥っても諦めずに、自らリスクを背負いながら生活機能の維持に奮闘している。

帯広畜産大学の杉田聡教授が言われているように「これからはだれもが老いる。近所の小売店はライフラインである」という認識が今後は必要なのではないだろうか。二つの事例のように誰にも頼らずに自力で切り盛りしている地域もあるが、どこもとても厳しい状況だ。経済産業省も二〇〇九年一一月に「地域生活インフラを支える流通のあり方研究会」を発足させ、二〇一〇年五月にまとめた報告書では民間事業者が参入する場合に障壁となる法令の弾力的運用や制度整備の必要性を訴えている。「常吉村営百貨店」をはじめとする先人たちの努力や熱い想いが国を動かしつつある。

地方自治体でも「買い物難民」に対する支援策を整備しはじめた。だが、多くは移動販売や配達に対する支援で、買い物と地域のコミュニティの再生の両者を同時に実現できる「場」の整備に対する支援はほとんどない。自治体もこのような血のにじむような取り組みを民間に任せきりにせずに、ライフラインの確保に加え、地域のコミュニティが再生できるような「場」づくりに向けて真剣に検討を始める必要があるように思う。それぞれの地域なりの規模で、できるだけ多くの機能を一ケ所に集めることにより、特定の者だけでなく異なる目的を持ち、異なる趣味を持つ、今まで顔を突き合わせたことのない人間同士が交流する可能性を高めることによって、また新しい交流を生み出すきっかけになるのではないだろうか。

特に、生活機能が損なわれている地域に対する支援は商業者支援という視点にとどまらず、生活者支援という視点からしっかりとするべきだ。これらの地域に対する支援は喫緊の課題であるとともに、小額の費用で効果がはっきりと出る費用対効果が高い事業である。

「常吉村営百貨店」や「徒歩圏内マーケット」のように、生活機能が消失した地域は、まず、その機能をいかに取り戻すかを考えなければならない。そして、誰も手を差し伸べてくれないのであれば、地域自らが立ち上がらなければならない。勝つまで続ければ負けない。途中であきらめたら負けだ。最後まであきらめなければ活路は必ずある。

3 「二核一モール」による中心市街地活性化（長野市）

日本で一番元気のよい地方都市といわれている長崎県佐世保市の中心市街地。そのなかでも通行量が断然多いのが、四ヶ町商店街にある地元百貨店の佐世保玉屋とジャスコ佐世保店の間だ。中心市街地にある二つの大型商業施設が中心市街地の集客の核となって中心市街地に買物客を吸引している。第1部で紹介した英国のレディング市の中心市街地再生の手法もこの「二核一モール」であった。このように「二核一モール」のまちは元気のいいまちが多い。一方、かつては「二核一モール」によりにぎわいを形成していた都市であったが、ひとつの「核」がなくなったことにより急速に中心市街地が衰退したケースも多い。これから紹介する長野市においては、なんとほぼ同時期に中心市街地の「二核」をともに失ってしまった。「二核」とも失った中心市街地は死に体に等しい。この状況から再び「二核一モール」によりにぎわいを復活させようとしたのが長野市の取り組みであった。

「二核」とも失った長野市中心市街地

一九九八年に長野市で冬季五輪が開催された。開催にあたって様々なインフラが整備されたが、そのひとつが道路であった。郊外のバイパスが整備され、そこにロードサイド型の店舗の出店が相次ぎ、住宅も中心市街地から郊外へスプロール化（無秩序な拡大）していった。それまでも中心市街地の衰退は見られたが、この冬季五輪を境に中心市街地の衰退は加速した。そしてついに二〇〇〇年に長野そごうとダイエー長野店の大型店が相次ぎ撤退し、中心市街地にあった商業二核をほぼ同時に失ってしまう。三〇年前と比較すると中心市街地の歩行者数は半減し、居住人口は四〇%も減少してしまった。

このような事態のなかで、長野市は「二核一モール」の発想で中心市街地活性化に本格的に取り組むこととなる。長野市は、「二つの商業核施設の整備をしながら商店街の回遊性を向上させること」を目標にまちづくりに取り組んだ。二核とは、食品スーパーと公共施設の複合施設である「もんぜんぷら座」と、蔵を生かした暮らし提案型の商業施設である「ぱてぃお大門」だ。

長野市の中心市街地
（長野市街散策案内に加筆）

旧ダイエー長野店の跡地ビル再生のタウンマネージャーの判断

長野市の中心市街地再生の取り組みがスター

「もんぜんぷら座」全景と食品スーパー「とまと食品館」

トしたのは、かねてより長野市の経済界と深いつながりのあった元信州ジャスコ常務の服部年明さんが二〇〇二年二月にタウンマネージャーとして招聘されてからのことだ。長野市は、旧ダイエー長野店の跡地ビルの再生が中心市街地の再生のために重要かつ緊急性が高いと判断して、同年六月に地上八階、地下一階建ての建物を取得した。

中心市街地の商業機能をどうするか。百貨店のそごう、大手量販店のダイエーの撤退の原因を考えたうえで当時出した結論を服部さんはこう語る。「少なくとも店舗面積が数万㎡にも及ぶ大型商業施設は、現時点では長野市の中心市街地では成立しない。それよりも不足業種であり最も基本的な買物機能であるデイリーニーズを満たす食品機能を誘致することが喫緊の課題を解決する最も有効な手段だ」と。「もんぜんぷら座」の一階に整備された商業機能は売場面積約一千㎡の食品スーパー「とまと食品館」だ。オープンは二〇〇三年四月。ダイエー長野店が撤退してから二年五ヶ月が経ってはいたが、服部さんがタウンマネージャーに就任してから一年二ヶ月、長野市がビルを取得してから八ヶ月後というすばらしいスピードであった。

商業機能以外は生活文化機能を整備

「もんぜんぷら座」の地下一階、地上二階、三階には、長野市の設置した市民交流・活動機能が入居している。このうち、二階の子育て支援施設・こどもひろば「じゃん・けん・ぽん」は広く市民に利用されている。また、三階にはスクランブル広場、市民公益活動センター、市民ギャラリー、会議室などが入居している。会議室の利用率は非常に高いようだ。会議室などの利用時間は午前一〇時から午後一〇時までと「とまと食品館」の営業時間と全く同じだ。開店、閉店時間を統一することで、相互に使いやすく、使っていただける施設になった。二〇〇七年以降には、「もんぜんぷら座」の上層階部分（地上四〜八階）にも様々な施設が入居し、全フロアが活用されることとなった。四階には、㈶ながの観光コンベンションビューロー、職業相談総合窓口、長野市消費生活センター、日本司法支援センター（法テラス）などが、五階から八階はNTTのコールセンターが入居した。長野市が中心市街地に呼び戻そうとしていた機能の一つである「職」の機能も、このコールセンターの誘致で実現することとなった。このように、旧ダイエー長野店の跡地ビルのコンバージョンは、元々あった商業機能を復元するのではなく、役割の変わった中心市街地に相応しい機能を複合的に集約したものだ。「もんぜんぷら座」には、長野市が中心市街地に呼び戻したい都市機能である「住・職・福・学・商・憩・観光・文化・歴史」の機能が散りばめられている。

門前町の魅力の低下と眠っていた地域資源の活用

「とまと食品館」を含めた「もんぜんぷら座」の整備で中心市街地に不足していた生活必需機能は充足できたが、まちなかに長野らしい雰囲気のシンボル的な商業スポットがなかった。年間約六〇〇万人が訪れる善光寺への参拝客が中心市街地に回遊しなかったのは、参拝客用の駐車場が寺の裏手にできたことも要因であるが、そもそも「大門」より下の表参道（中央通商店街）の商業的な魅力が低下していたことも、観光客が商店街に流れて来なかった理由でもあった。

二〇〇一年六月に、善光寺大門下周辺の空き店舗の一つが売却されるという情報が入った。この土地の奥には土蔵があり、また隣接地にも使用されていない土蔵や楼閣があった。「これらの土地を取得して、パティオ（中庭）を整備し、周辺にある土蔵や楼閣を回遊できるようにすれば、これまでに長野になかった新しい空間ができる」。悩んだ挙句、地元の住民有志が会社を設立し、この土地を取得した。翌二〇〇三年には㈱まちづくり長野が彼らの意思を引き継いで事業主体となり、「ぱてぃお大門」構想が実現に向けて本格的に動き出すこととなった。

中心市街地に新しく商業集積を形成する際にどの地域でも最も困難な作業が地権者との交渉、説得であろう。「ぱてぃお大門」でも、ゾーン一体を商業集積として整備するために、多くの地権者や土蔵や楼閣の家主との交渉や説得が最も重要な作業であった。特にこの歴史ある長野市の善光寺周辺地区に住む方々の多くは、先祖代々からの土地などを引き継いでいるのでなお更のことであった。㈱まちづくり長野は、服部さんを窓口に、地権者との様々な交渉を経て、地権者全員と二〇年の定期借地権の契約を結び、建造物の改装（一一棟）及び新築（四棟）に取りかかる。そして、二〇〇五年一一月に、飲食、物販などを中心としたテナントミックスにより二〇店舗から構成される商業集積「ぱてぃお大門」がオープンした。

門前町らしさを活かした生活提案型の商業集積「ぱてぃお大門」

「ぱてぃお大門」は、善光寺門前の大門町に残る明治から大正時代に建てられた商家（空き店舗）や土蔵、

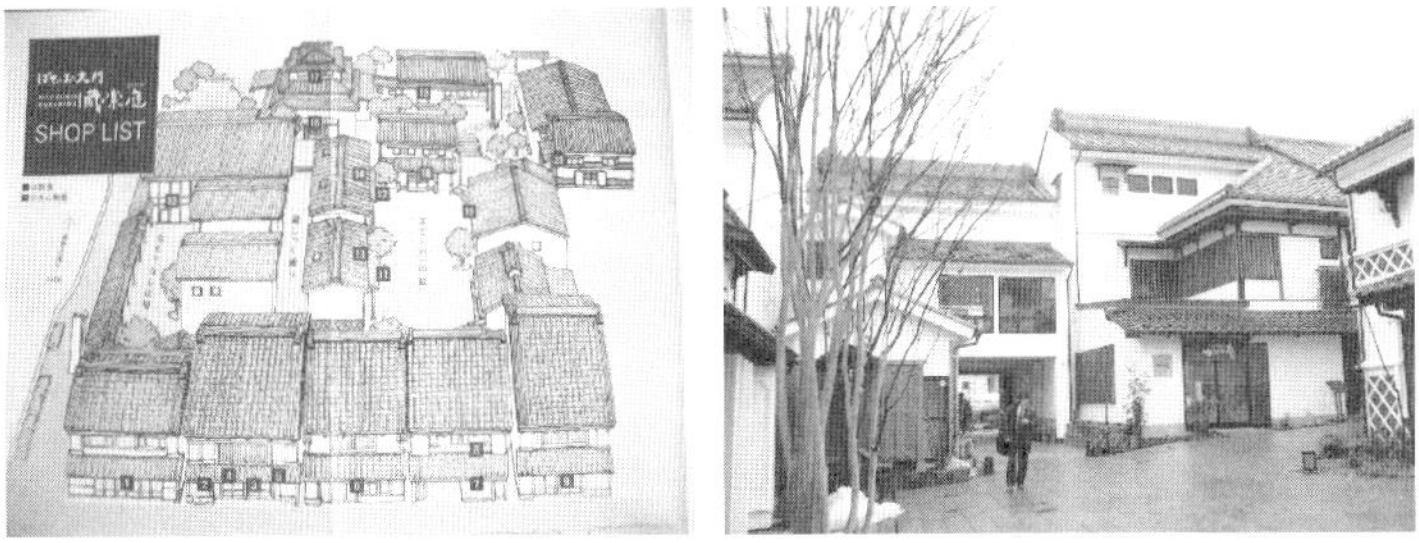

「ぱてぃお大門」のレイアウト（左、パンフレットより）と「ぱてぃお（中庭）」（右）

空き家屋などの既存建物を取得、再生するとともに、新築の建物も土蔵風の建物にしたうえで、中庭（パティオ）を囲むことにより独特な空間の創造に成功した魅力的な商業空間である（写真参照）。

コンセプトは「小さな旅気分を味わえるまち」。メインターゲットは地元客で、地元客を中心として観光客にも愛される商業施設を目指した。そこには、服部氏の「強い観光地はどこも地元の人に支持されている」という確信があった。全国を見ても観光中心に広域からの集客に成功している地域はごく一部の地域に限られている。また、観光は景気に最も左右されやすい。服部氏の判断は商業のリスクを回避するという面では賢明な選択だ。全二〇店舗は、余暇を楽しむ空間、飲食と新しい「暮らし方」の提案を目指して生活提案型の業種を揃えた。地元客と観光客の比率は約六：四で当初の想定どおりとのことだった。

異質の二核を整備した長野市の取り組み

商業面からみた場合、「もんぜんぷら座」が当該エリアの「生活に不足する商業機能」を強化したのに対して、この「パティオ大門」は＋α（プラスアルファ）の「生活を提案する商業機能」の強化を狙ったもので、全く異なった性格の二つの集積を整備した取り組みである。しかし、長野県の県庁所在地である人口約三八万人（二〇〇七年一月現在）の長野市の中心市街地活性化策としては小粒と言わざるを得ない。多くの商業資本が当たり前のように中心市街地に投資をするようになるように、周辺市町村も含めて郊外規制が行われれば、もっと大胆な商業振興策を講じることができるだろう。

なお、ここで取り上げた数字は二〇〇八年以前の数字である。その後のリーマンショックの影響などもあり、長野市の取り組みは必ずしも順風満帆とはなっていないと聞く。しかし、この「二核一モール」という明確な戦略をもって、時間を区切って中心市街地活性化に取り組んだこと、プライオリティ（優先順位）をつけてまちなかを整備したこと、役割の変わった中心市街地に相応しい機能を整備したこと、規模を追求せずに必要な機能を複合的に集約したことなどは、どれもこれからの中心市街地の再生に参考となる視点である。

4　小さな成功から大きなステップへ　「十街区パティオ」（日向市）、「夢ＣＵＢＥ」（奈良市）

大きな成功を狙うと大きな落とし穴があるケースを多くの現場で見てきた。身の丈以上のことをしようとするとどうしてもどこかに無理が生じるものだ。特にバブルの時代に作成した計画は身の丈を大きく超えた計画が多かったが、バブル崩壊後に計画の中止や縮小ができずにそのまま実行された事業などは、今となっては地域の大きな「お荷物」となってしまっている場合が多い。以下では、このような大きな成功を目指したり、危ない橋を渡らずに、小さな成功からスタートして徐々に事業を波及させていった事例を取り上げたい。

ひゅうが十街区パティオ全景

やる気のあるグループが立ち上がる――「十街区パティオ」(日向市)

県都宮崎市からJR日豊本線で特急電車に乗ること約五〇分。宮崎県日向市の玄関口であるJR日向市駅に着く。日向市は人口六万五千人(二〇一〇年九月現在)。日向入郷圏域の玄関口に当たり、古くから圏域の歴史・文化・交通・経済・観光の拠点都市で、商圏人口は約一〇万人だ。日向市の中心市街地は、三つの大型店のうち一九九五年にダイエー日向店が、二〇〇〇年には宮崎丸食日向店が相次ぎ撤退し、二〇〇一年当時は唯一寿屋一店だけが残っていた。また、人口の減少、道路の狭隘化、駐車場不足、店舗の老朽化などから、中心市街地のほぼ全域を区域としている上町商店街振興組合(以下、上町商店街)の空き店舗率は三〇%を超えていた。

このようななか、上町商店街の組合員らは、今後のまちなかの再生について研究するため、一九九四年に「街づくりブロック協議会」(以下、ブロック協議会)を立ち上げた。毎週木曜日に定例会を開催し、その回数は数百回を数えた。このブロック協議会には、商業者のみならず、行政や商工会議所、地元在住のコンサルタントなども参加した。後に選択することとなる土地区画整理事業についての勉強会もこの頃から行われ、都市計画担当の市役所職員と商業者が一緒になって勉強会をするなかで、土地区画整理事業を実施する素地ができていった。この勉強会を通じて、土地区画整理事業担当の日向市市街地開発課長の席に、商店街の皆さんが気軽に足を運ぶといった敷居の低い関係が構築されることになる。

上町商店街はこの勉強会などを通じて、今後の商店街のコンセプト、商店街全体としての施設整備計画、投資計画、資金調達計画、返済計画を作成した。これらの計画について組合員間で合意形成を図ろうとしたがなかなか決まらない。みんな総論は賛成なのだが各論になると個々に意見が違ってきてしまう。このような状況で、上町商店街の組合員でもある「ひゅうが十街区パティオプロジェクト」のメンバーが「上町商店街全体が合意形成を図るには相当長い時間を要する。まず自分たちからはじめよう」と決意し、二〇〇〇年四月に上町一〇街区店舗集団化準備会を設置し、ミニ商業核を整備することとなった。それから約二年半後の二〇〇二年九月、この上町商店街エリアの一角にパティオ（スペイン語で「中庭」の意味）を囲んだ魅力ある商業空間「ひゅうが十街区パティオ」がオープンした。

きっかけとなる小さな一歩が大きな流れを作る

結果として、「ひゅうが十街区パティオ」プロジェクトが起爆剤となり、その後、商店街全体の合意形成が図られ、面的な整備がスタートすることになる。小さな一歩が大きな流れを作ることができた。ここでも日向のまちづくりはやる気を優先していく。エリア全体を同時に整備することは行政の予算としても難しい。また商店街としてもエリア（街区）ごとにスピード感が異なる。であれば、「街区ごとに合意形成が図られた順番にまちづくりをしましょう」というのが日向流であった。商業者もそれを受け入れた。まちづくりの合意形成を図ることの難しさに直面したときに、商業者と行政の双方に柔軟な発想があった。こ

商店街から見た「夢 CUBE」

の発想の転換によって、十街区に続き八街区が手を上げた。そしてその後次々と街区ごとに整備を進めたのである。「ひゅうが十街区パティオ」という小さなプロジェクトが他の街区の商業者のやる気に火をつけ、全体のプロジェクトへとつながっていった。

ただし、日向の場合、すべての商業者の経営が順風満帆というわけではない。その理由のひとつに、中心市街地の再整備には時間がかかることが挙げられる。パティオが完成して九年。まだ中心市街地の整備は途上にある。先行して整備したこのミニ商業核が、後続の整備を待つにしても、九年という歳月はあまりに長い。日向の取り組みを振り返ると、改正まちづくり三法の活性化事業に五年間で取り組むというスピード感はとても大切であると思う。

新たなショップを生み出すガラス張りの四角い玉手箱――「夢ＣＵＢＥ」(奈良市)

「もちいどの夢ＣＵＢＥ」（以下、夢ＣＵＢＥ）のある奈良もちいどの（餅飯殿）センター街は奈良市の中心部にある商店街だ。近鉄奈良駅から伝統的建造物群保存地区「奈良町」に抜ける間に位置する由緒ある商店街である。商店街を歩いて行くと、その一角にガラス張りの四角い箱が並ぶ洒落た空間が現れる。石畳の通路をふらっと入って行きたくなるワクワクする空間だ。これが、商店街が若い起業家を集めて孵化させる商業インキュベーション

「夢ＣＵＢＥ」だ。奈良市の中心市街地で今後活躍する次世代の若者を育成し、将来の中心市街地を支える商業者が巣立つための素晴らしい場ができた。実はこの施設は公共施設ではなく、商店街の施設だ。通常、インキュベーション施設は行政が整備することが多いが、奈良もちいどのセンター街は自ら若手育成施設を作ってしまった。

「なぜわざわざ商店街で商業インキュベーション施設をつくったのですか」という質問に、奈良もちいどのセンター街の理事長の松森重博さんは「自分たちの力で商店街に若い風を入れたかった。将来私たちの商店街のあとを継ぐ世代の訓練の場にもなると思った」と話してくれた。

商店街にあった元パチンコ店を商店街が買う

二〇〇四年五月。奈良もちいどのセンター街の中頃にある元パチンコ店が売りに出されることになった。「この物件は誰の手に渡るか分からない。もしこの物件が商店街活動の足を引っ張るような者の手に渡ったら大変なことになる。この物件を商店街で押さえよう」。商店街はこの元パチンコ店の店舗を購入することを臨時総会で決議した。この元パチンコ店は、当面建物は壊さず現状のまま利用することとなったが、併せて商店街内に本物件の対策チームを立ち上げて今後の利活用について会議を重ねた。翌二〇〇五年に当該物件を建築の専門家に調査してもらったところ、建物は一九五〇年代後半から六〇年代の木造建築で、構造上地震に対する強度が不足しており、このまま使用することは危険であり、建て替えるべきであるという指摘がなされた。そこで建て替えプランを専門家四社に依頼し、うち一つのプランに絞り込んでいった。

「夢ＣＵＢＥ」は商業インキュベーション

二〇〇六年九月に旧パチンコ店の建物の解体工事に取り掛かった。一方で、同年一一月からインターネット、新聞、そして口コミなどを通じて新規出店者を募集したところ、一〇店舗の募集に対して日本全国から四〇件もの応募があった。予想以上に独立したいという若者がいたのだ。その後、書類審査で約半分まで絞り込み、一二月にはプレゼンテーションと面接を行って最終的に一〇人の新規創業者を決定した。選ばれた若者たちは、商品にオリジナル性があり、計画に対して前向きで明るい展望をもつ二〇代から三〇代が多かった。

商店街は、彼らに対して二〇〇七年一月から二月にかけて五回にわたり研修を開催した。「創業者開店事前研修講座」と題する研修は、彼らに経営のノウハウを収得してもらうのが目的だ。この研修を通じて彼らは、店舗運営の様々なノウハウや「夢ＣＵＢＥ」の全体コンセプト、個店と商店街との関係などについて理解を深めることができた。松森さんは当時のことを「当時勤めながら受講する若者もいて、彼らの熱意をひしひしと感じました。彼らと一緒にわたしたち商店街の夢をぜひこの〈夢ＣＵＢＥ〉で実現したいと心から思いました」と振り返る。商店街のリーダーのこの事業に賭ける想いが伝わってくる。その後、商店街の新住民となる新規創業者と商店街の有志との懇親会などを通じて商店街の新旧住民は交流を深めていく。新住民は新天地に夢と希望とともに不安も持ってくる。旧住民に迎えられての親睦の場は、彼らの不安を解消するよい機会だ。

「夢ＣＵＢＥ」を作った商店街の熱い想い

施設名の「もちいどの夢ＣＵＢＥ」は商店街全員で投票して決めた。ロゴも新しく制作した。こうして、「夢ＣＵＢＥ」は二〇〇七年四月にグランドオープンした。最初から商店街全員が賛成した計画ではなかったが、最終的に臨時総会では九割以上の賛成を得てスタートできた。パチンコ店の土地・建物を購入してから三年二ヶ月が経っていた。「古いパチンコ店の土地・建物を購入してからかなり苦労しましたが、最後は商店街の皆さんの賛同を得て出発することができたのは本当にうれしいことでした」と松森さんは振り返る。なお、本事業は商店街が商業インキュベーションを整備するという全国でも数少ないケースであることから、高い評価を得て、建設資金の一部に国と市から支援を受けることができた。

「夢ＣＵＢＥ」はその名のとおり、夢見る創業者のための四角い立体だ。個人で借りやすいように三・五坪で一〇区画に分け、家賃は月額四万円程度に抑えた。入居期間は三年間。「三年経ったら商店街の空き店舗に羽ばたいて欲しい。まちのにぎわいづくりの一人に加わって欲しい」という商店街の想いがある。

一般的にはインキュベーション施設に入ろうとするショップは、通常よりも安い賃料でしか入居できない創業間もないショップばかりだ。商店街にとっては自らの負担が増える事業とも言える。それでも商店街に、「これからの時代は従来の業種や品揃えだけでは消費者から受け入れられない。商店街の店主に若手を呼びこみ、商店街自体を若返らせたい」という強い想いがあったからできたのがこの事業だ。この「夢ＣＵＢＥ」という孵化装置がうまく機能すれば、常に魅力的なショップを生み出す装置を商店街が持つことになる。

二〇一〇年に第一期の入居者が卒業した。当初はもちいどのセンター街に出店して欲しいと思ってスタートした事業だが、商店街に空き店舗が少なくなってしまい、やむを得ず別の商店街に出店した若者もいる。二期生も二・五倍の倍率の中から入居者が決まった。三年に一度若い経営者たちが元気に奈良市の中心市街地に羽ばたく姿を見るのが楽しみだ。

「自分たちの力で商店街に若い風を入れたかった」という商店街の熱い想いからスタートしたこの事業。この想いを常に持って商店街活動を継続していれば、きっと三年後にもまた元気な若者が「夢ＣＵＢＥ」に集まってくるであろう。

ツボ3　地域の強みを徹底的に磨く

まちづくりや中心市街地活性化の計画づくりをするときには、まずはその地域の現状をくまなく把握することから始める。そのうえで、そのなかで地域の強みや弱みは何かを考え、多くはその強みを徹底的に磨く作業を行う。どこの地域でも何らかの「強み」があるものだが、なかには当初は「強み」としてまったく認識していなかったり、何も「強み」がないなら自分たちで「強み」を作ってしまおうということで、ゼロから活性化を図った地域もある。「強み」がないと諦めている地域のみなさんにぜひ読んで欲しいのがツボ3である。

まちづくりのお手伝いに訪れる地域のなかには「うちのまちには何も特徴がない」と嘆く担当者がいる。そういう時に必ず「何もなくても活性化した地域はありますよ」と答える。担当者の方は「えっ」という表情をされるが、そういう地域が確かにある。

B級ご当地グルメで今や最も有名になったと言っても過言ではない富士宮の「やきそば」。一方、最盛期には年間約二三〇万人が訪れ、二〇〇九年でも年間約二〇〇万人の観光客が訪れる滋賀県長浜市。長浜の「黒壁」の「ガラス」によるまちづくりは、まちづくりに興味のある人なら一度は聞いたことがあるだろう。「食」である「やきそば」をテーマとした富士宮と、「ガラス」をテーマとした長浜の二つのまちが一緒に取り上げられることはあまりないと思うが、共通するキーワードがある。そのキーワードが「何もなくても活性化ができる」だ。二つのまちはともに過去に相当衰退した状況に陥った。その状況から新たなにぎわいを生み出したまちだ。この二つのまちに学び活性化を実現できたまちが数多くあると思う。富士宮と長浜から私たちは何を学ぶことができるのか。

1　地域資源としては完全に埋もれていた「やきそば」を活かす（静岡県富士宮市）

今ではB級ご当地グルメで最も有名になった富士宮

B級ご当地グルメの日本一を決めるB - 1グランプリの第一回、第二回の二年連続優勝を果たした富士宮の「やきそば」。今では日本中がその名を知っている富士宮の「やきそば」。地元では二〇〇一年から二〇〇九年の経済波及効果を四三九億円と試算している。その取り組みは、埋もれていた地域資源を掘り起こす作業だった。「何もない」と諦めていたら恐らく今の富士宮はこのようにはなっていなかったであろう。現在では全国区になった富士宮の「やきそば」。全国からみれば何の特色もなかった富士宮の成功要因を、「富士宮やきそば学会」の会長である渡辺英彦さんの知恵の数々を紹介することを通じて探っていきたい。

私が初めて渡辺さんの取り組みをお聞きしたのが二〇〇四年のことだ。その知恵や発想たるや当時の私にとっては眼から鱗のことだらけであった。その取り組みには他のまちのまちづくりに参考になることが散りばめられていた。

路地にあるやきそば屋さん

駄菓子屋の一角で焼かれていたメニューの一つが「やきそば」

今や富士宮の「やきそば」の知名度は全国レベルだが、そもそもはお好み焼き屋の一つのメニューに過ぎなかった。お好み焼き屋は、古くは洋食屋と呼ばれ、駄菓子屋の一角に鉄板を設けてお好み焼きを焼いていた。かつて製糸業が盛んだった富士宮で、お好み焼きはこのようにまちなかの駄菓子屋の一角で始められ、安価で手頃な食べ物として製糸業で働く女工さんたちや子供たちに好まれ、当時はソース味が珍しかったことからお好み焼きを出す店は「洋食屋」と呼ばれ親しまれてきた。戦後になり、中国に赴いていた人達が帰還し、中国で味わった忘れることのできない味の麺類を見様見真似で開発した。その一つが「やきそば」であった。戦後の食糧不足の時代でも野菜があれば少量の小麦粉でできる「やきそば」は、市民に手頃な食としてもてはやされ、「やきそば」を出す洋食屋がまちかどのいたるところに立ち並び、市民生活のなかに根づいていった。

しかし、富士宮市も他の地方都市と同様に時代の流れに逆らえず、気がついたときには中心市街地の空洞化が進んでいた。まちの「洋食屋」もこのような時代の流れとともにその数を減らし、その存在は小さなものとなっていった。そんななか、一九九九年一二月に市役所と商工会議所が、中心市街地活性化の方策を探るために住民参加型のワークショップを開催した。ワークショップでは活性化の具体案は生まれなかったが、ワークショップの居残り組一三名で話し合いを続けた結果、「やきそば」というキーワードに辿りついた。メンバーが活動するなかで、富士宮独特の硬い蒸し麺であるやきそば麺を使った「やきそば」を焼く店が、まだ市内に数多く存在していることがわかった。県内の他の市と比較しても非常に数が多い。「洋食屋」のやきそばも含め一五〇店もの「やきそば屋」のリストが出来上がった。

「やきそば」は目的ではなく手段

渡辺さんにお会いした時に「なぜ〈お好み焼き〉ではなくて〈やきそば〉なのですか?」と聞くと「〈やきそば〉でなくてもよかったんです」という意外な答えが返ってきた。「〈お好み焼き〉は大阪や広島が有名で到底太刀打ちできない。〈やきそば〉であれば何とかなるんじゃないか」。たしかそんなことを言っていたと思う。渡辺さんはまたこんなことを言っていた。「私の目的は富士宮の知名度を上げることなんです」と。渡辺さんにとっては当時から「やきそば」はまちづくりの目的ではなく手段だったようだ。多くのまちでは「食」そのものを有名にすることが目的になっていることが多いが、渡辺さんの場合は「やきそば」はあくまでも富士宮の知名度を上げるための手段なのだった。

「富士宮やきそば」の特徴——調理方法の十二の特徴

先ほども言ったように、「富士宮やきそば」の最大の特徴は、一般的に販売されている柔らかいやきそば麺とは違いコシのある麺だ。富士宮やきそば学会では、「富士宮やきそば」の調理方法として十二の特徴をホームページで公開している。この特徴を読んだ方は「こんなにもたくさんの特徴があるのか」と思うであろう。でもよく見ると「店それぞれ」「使う店もある」「各店で工夫」「各店にこだわりがある」「これは好き好き」といった言葉が付け加わっている。要は「絶対こうでなくてはいけない」ではなく「だいたいこんな感じでいい」ということなのだ。まちづくりはこのくらい「ゆるい」ぐらいがみんな気楽に参加できる。自分たちで自らのハードルを高くする必要は何もない。

「富士宮やきそば学会」と「やきそばＧ麺」の発足

二〇〇〇年一一月にこの富士宮独特の硬い蒸し麺をＰＲし、まちの活性化につなげようと「富士宮やきそば学会」が発足した。「まずは自分たちで食べてみなくては」ということで一三人の会員が「やきそばＧ麺《メン》となり調査票を片手に市内のやきそば店を食べ歩き始めた。このＧ麺は一九七〇年代から八〇年代にかけて流行ったドラマ「Ｇメン'75」の特別潜入捜査班「Ｇメン」をなぞったものだ。渡辺さんはこれ以降「麺」に引っ掛けて様々な造語を生み出していく。ネーミングで興味を引き寄せるのだ。

しかしながら当初は「富士宮やきそば学会」の活動に対して周囲の反応は冷ややかであったという。「やきそばなんかで何ができるのか」そういう声が大半だった。しかし渡辺さんたちは、「周囲から理解されなくても、仲間と一緒に楽しみながら活動すればいい」と自然体で活動を続けた。

楽しいことならみんなついてくるという信念

このように、渡辺さんたちの「やきそば」のまちづくりの原点は、「自分も周りも楽しんじゃおう」である。楽しもうとするからストレスにならない。生まれたときから食べ親しんできた「富士宮やきそば」は富士宮市民であれば誰もが大好きだ。「富士宮やきそば学会」のメンバーも「やきそばが好き」「富士宮が好き」という市民が集まった。その大好きな「やきそば」を生まれ育った富士宮市の活性化に生かそうというのだからみんな頑張れるのだ。加えて、渡辺さんにもメンバーにも私利私欲がなかった。欲がないからみんながついてきてくれるし、多少のことは目をつむってくれる。商店街組織を超えた面的な活性化を目指す場合、私利私欲のないリーダーがいるほうがまちづくりをしやすいことが多い。

カネを使わず知恵を使う

富士宮はというより「富士宮やきそば学会」はカネがなかった。渡辺さんの考えは明快だ。「カネがない、ではどうやってカネをかけずにやるか」、これだけである。「富士宮やきそば学会」のホームページに、「やきそばのまちおこし活動による経済波及効果」㈱地域デザイン研究所が試算）が示されている。私が渡辺さんを訪問した二〇〇四年当時は極秘資料であった（本当に極秘資料だったのかはわからない）。そこには、製麺業者、ソースや肉かすなどの材料メーカー、小売店、やきそば店、土産物、通販の売上からキャベツや紅しょうがの売上にわたるまで考えられる全ての経済波及効果が記載されている。ここに掲載された企業などが「やきそば」の恩恵に預かったところとなる。渡辺さんの発想は「最も恩恵に預かったのは製麺業者ややきそば店だが、必ずしも相応の負担をしてもらっているわけではない」というごく自然な発想だ。この発想で渡辺さんは様々な企業を巻き込んでいった。ユニークなところでは、ビール会社に「この麺にこのビール」というコピーを持ち込み、無償でポスターを作ってもらった。また日本道路公団（当時）に富士宮やきそばのパンフレット「麺許皆伝やきそば道」を作ってもらうと西富士道路の通行量が二%アップしたという。ビール会社や日本道路公団とのプロジェクトはお互いに「WIN―WIN」の関係にあることを理解してもらうことで実現したものだ。後述するマスコミの上手な活用も含めて、カネがないから知恵を絞るということは、渡辺さんにとってはごく普通のことなのだ。

考えるよりまず行動

渡辺さんは「動かなければ何も起きない」という。いくらよいものを発見しても、それを生かすためには動かなければ何も起きない。富士宮の場合でも、独特の「やきそば」が発見されても他人任せにしていては何も起きなかった。やる気のある人たちが立ち上がり、まちづくりを進めたから話題が沸騰した。気づいただけでなく、行動を起こしたことが成功の第一歩になった。まちづくりは計画力と実行力の掛け算だ。いくら頭でわかっていても、優秀なプランを作成しても実行しなければ零点だ。ただし、行動派の渡辺さんもイベントの企画やネーミングについては慎重だったようである。「おもしろい」「これはマスコミが取り上げる」と確信できるまでは性急にならずに熟慮したうえで行動に移したという。

周回遅れがかえって強みになる時代

それでは、渡辺さんの「やきそば」によるまちづくりのポイントを整理してみたい。渡辺さんは、「表に出ているのは私だけだが学会のみんながそれぞれしっかりと活動してくれているのでうまくいっている」と言う。確かに渡辺さん一人ではできない大仕事であるが、渡辺さんがいなかったらできなかった仕事である。渡辺さんという仕掛け人の存在、アイデアマンの存在なくして富士宮の「やきそば」は世の中にデビューしていなかった。

富士宮の「やきそば」によるまちおこしは、まちにある原石を磨いてまちの宝にしていく取り組みだ。

過去の記憶を全てリセットしてしまったまちには原石は落ちていない。まだ手をつけていない部分があるまちだからこそ可能性がある。近代化してしまわなかったから可能性がある。周回遅れがかえって強みになるのが今の時代だ。災い転じて福となるということだ。諦めるのはまだまだ早い。「何もない」ではなく「何かある」という発想の転換が大切だ。

遊び心いっぱいのネーミングとマスコミの活用

遊び心いっぱいのネーミングとマスコミの活用も富士宮の「やきそば」によるまちおこしの特徴の一つだ。そもそも「富士宮やきそば学会」というネーミングが変わっている。もし単に「まちおこしの会」であったら、これほどまでにマスコミに取り上げられることはなかったかもしれない。遊び心満載の取り組みにNHKをはじめマスコミ各社が飛びつき、たちまち話題となった。それ以降は、渡辺さんに言わせると「おやじギャグ」連発のイベントを次々と開催していく。例えば「やきそば」の人気が高まり各地からやきそばの焼き手の派遣依頼が相次いだ。この焼き手を派遣する「やきそば伝道使節団」の英語訳は、映画のタイトルにちなんで「ミッション麺ポッシブル」。同じやきそばでまちおこしをする秋田県横手市と群馬県太田市を招いたイベントは「三者麺談」、さらに北九州の小倉の焼きうどんと対決したイベントは「天下分け麺の戦い」、地元浅間大社の祭りであるやぶさめ祭りでは、全国各地の麺のまちを集結した「やぶさ麺まつり」といった具合だ。どれもがマスコミが興味を示しそうな絶妙なネーミングである。渡辺さんはマスコミがどうやったら食いつくかということがよくわかっていた。

ハードには手をつけない

富士宮のまちづくりで見過ごしてはいけないのが、これだけの事業をしていながらハードの投資ありきではないということだ。地域資源を掘り起こし、原石を磨いていくまちづくりにハードの投資は必要ない。ともするとすぐにハードの投資を考える地域が多いなかで、ハードに手をつけなくてもまちおこしができるということを証明したのが富士宮の取り組みである。まちづくりでハードの投資が必要な場面はあるが、特にこれからの時代はハードありきではなく、まずはソフトありきのまちづくりを考えたい。富士宮ではその後アンテナショップなどもできているが、ハコモノ優先のまちづくりでないことはこれまでの取り組みからも明らかだ。

他のまちも巻き込み相乗効果を狙う

そして富士宮は「三者麺談」や「天下分け麺の戦い」のように、他のまちを巻き込むのがとても上手い。他のまちを巻き込むことによりマスコミの注目度を高めて集客力を高めることができる。他のまちも巻き込まれて悪い気はしないだろう。ついつい自分たちだけ目立とうとしたり、自分たちだけのメリットを考えがちだが、双方にメリットがある取り組みのほうが長い目で見れば事業効果はきっと高くなる。

以上のように、「カネを使わず知恵を使う」富士宮の「やきそば」によるまちおこしは、まさに知恵の宝庫だ。自分たちでできることを、自分たちの力で、そしていろんな人や地域を巻き込みながらまちづくりをしている。そして何より一番素晴らしいことは渡辺さんや富士宮の皆さん自身が、楽しんでまちづくりをしているということだ。難しい顔をしていたら、いい知恵は出てこないし、いいまちづくりもできない。

2　歩行者四人と犬一匹から二三〇万人の観光地へ　「黒壁」（滋賀県長浜市）

縁もゆかりもなかったガラスをテーマにする

今では毎年多くの観光客が訪れる滋賀県長浜市の中心市街地。まちづくりに興味のある方なら誰でも耳にしたことのある長浜市の「黒壁」の取り組みだ。今では年間二〇〇万人近くが訪れる長浜市。しかし、長浜市中心市街地活性化基本計画によれば、豊臣秀吉が築城した長浜城が市民からの寄付により復元された一九八三年当時の中心市街地の日曜日の一時間当たりの歩行者通行量は「人四人と犬一匹」と言われるほど衰退していた。例え話ではあるが、犬一匹も歩行者通行量に加えなければならないほど歩く人がいなかった。しかし、この長浜城の復元を機に、出世まつりと銘打った様々なイベントが繰り広げられるなど、長浜市の中心市街地再生に向けた取り組みが始まった。㈱黒壁が設立される五年前のことだった。

そして一九八八年に「黒壁銀行」保存を目的に民間企業八社と長浜市によって㈱黒壁が設立されることになる。「黒壁銀行」とは一九〇〇年に百十三銀行長浜支店として建設された歴史的建造物のことだ。㈱黒壁の役員は、海外や国内のガラスでまちおこしをしている地域や工房の視察などを通じてガラス文化を研究した。翌一九八九年に㈱黒壁はコンサルタントの協力も得ながら、この「黒壁銀行」を単に保存するのではなく、これまで長浜とは縁もゆかりもなかった「ガラス」をテーマにしてまちづくりをスタートさせた。「黒壁銀行」を中心に「黒壁スクエア」として営業を開始したのだ。当初の「黒壁スクエア」は、「黒壁銀行」を活用した黒壁ガラス館と、ガラス工房、レストラン、まちかど広場で構成されていた。

長浜市の「黒壁」の外観と店内の風景

何も地域資源がなくても活性化した

㈱黒壁はその後「黒壁」を中心にその周辺の北国街道沿いの空き家、空き店舗の土地、建物を買い取りまたは借り上げて、シンボルである「黒壁」や「ガラス」のイメージで統一的な店舗展開をしていった。その数は約一〇年後の二〇〇〇年には店舗のほか、飲食店、美術館を併せて三〇店舗となった。㈱黒壁の成功もあって中心市街地の七〇軒以上の空き家、空き店舗が埋まった。その結果、一九八三年の日曜日の一時間当たりの歩行者通行量が「人四人と犬一匹」だった長浜が、今では最大年間二三〇万人の観光客が訪れ、二〇〇九年でも約二〇〇万人の観光客が訪れるまちに生まれ変わった。何も強みがなかった、取り立てて目立った地域資源のなかった長浜が、「何もなくても活性化した」のだ。地方都市にとってこれほど励みになる例はない。

富士宮と長浜の別の悩み

二つのまちは日本各地にその名が知れ、多くの観光客が訪れ、素晴らしい経済効果も生み出した。しかし、一方で、そこに住む住民の不便さは取り残されたままだ。観光地として発展したまちのある意味共通的な悩みでもある。長浜についていえば、かつては市民のための商店街が観光客のための商店街になった。圧倒的に観光客が多いのだから、地元のための品揃えは控えめにならざるを得ない。そうなると地元客はさらに減る。また、観光客は駐車場を捜し求めて路地まで入ってくる。住民にとっては以前よりもかえって住みにくいまちになってしまった。長浜では「プラチナプラザ」や「長浜まちなかまちの駅」などを地元住民の日常の買物の場として整備し、住民向けに野菜や惣菜を提供しているが、十分とは言えない。「来訪者のためのまち」は完成しつつあるが、「生活者のためのまち」をどうするのかが二つのまちのこれからの課題である。

3 「メイドインアマガサキ」と「尼崎一家の人々」（兵庫県尼崎市）

かつて「工都」と呼ばれたまちが、今、中心市街地で楽しい取り組みを進めている。思わず自慢したくなるような、尼崎が誇る尼崎ならではの商品や製品、人物を顕彰するコンペ事業を通じて、尼崎の「スゴい」「オモロい」を発掘して地元愛を育てていく「メイドインアマガサキ」。そして、「メイドインアマガサキ」で選ばれた「スゴい」「オモロい」を一家で紹介する「尼崎一家の人々」。いずれも尼崎の人たちが自由な発想で取り組んでいるものだ。これらの取り組みを見ていると尼崎の人たちは心からまちづくりを楽しんでいるように思える。

尼崎南部再生研究室（通称「あまけん」）とまちづくり会社「ＴＭＯ尼崎」との出会い

かつて「工都」と呼ばれ、国内鉄鋼産業の拠点として繁栄した尼崎市。市域のうち臨海部の南部地区には工場が密集していた。この「鉄の街」にかげりがみえてきたのは一九八〇年代からだ。地盤沈下や大気汚染もあり、事業所の廃止や流出が進んだ。一九九九年。南部地区の大気汚染公害訴訟の和解が報じられた。この和解金の一部を「尼崎地域の再生」に使うということが和解条項に盛り込まれていた。そこで、研究者や大学生、行政職員、金融機関職員、マスコミ、商業者らが集まって、二〇〇一年に尼崎南部再生研究室（通称あまけん）という市民グループが設立された。「あまけん」では、地域のディープな情報を「南部再生」というフリーペーパーにして発行したり、尼崎運河クルージングを企画したり、絶滅した伝統野菜「尼いも」の復活栽培をするなど、まちづくりの事業をはじめた。これらの事業は「おもしろいなぁ」ということで結構好評であったが、所詮はよそ者がやっている事業であり、また、中心市街地や商店街とは全く関わりがないものだった。

一方、阪神尼崎駅前の商店街。約六〇〇店舗が集積するエリアは、戦後の闇市を契機に高度経済成長期とともに急速に発達してきた。また阪神タイガースの地元商店街として名乗りを上げ（甲子園球場は隣接する西宮市にあるのだが）、開幕と同時に「日本一早い優勝マジック」を点灯させたり、数千人規模で試合を観戦するパブリックビューイングなどを展開し、マスコミの注目を集めてきた。しかし「タイガースファンの客は一時的には来るが、商店が利益を度外視した優勝記念セールの品かタイガースグッズしか売れない」と㈱TMO尼崎の事務局長である伊良原源治さんは集客イベントの限界を感じていた。莫大な費用をかけてこんなことを続けていても、商店街の商店は全く儲からないという状況にあった。

予想をはるかに超えて売れた「メイドインアマガサキ」の商品

そんな時、若狭健作さんら「あまけん」のメンバーと伊良原さんら中心市街地活性化に取り組んでいたTMO尼崎のメンバーが出会い、「商店街で一緒に何かできないか？」という話になった。そして議論を深めるなかで「この町にしかないものを売らんとこのまちは生き残れない」という話になる。そしてついには「タイガースは一過性のもの。チームの成績に左右され、安定した活性化に繋がらない。そうではなくて尼崎らしいものを集めてコンテストをしたらどうか。尼崎らしいものを探すことはこのまちの将来のためにもきっと必要だ」と話は大きく膨らんだ。こうして二〇〇三年からTMO尼崎の事業としてはじまったのが「メイドインアマガサキコンペ」だ。よそ者のアイデアを地元の商業者たちが受け止めて事業は動き始めた。

当初は「一村一品ぐらいの軽い気持ちでやった」と振り返るが、「メイドインアマガサキ」は当事者たちの予想をはるかに超えて好評だった。NHKがニュース番組の中で長いコーナーを作って放映してくれたのもさらに評判を呼ぶことになった。

「せっかくだからコンテストするだけじゃなくて、コンテストで集まったものを商店街で売ってみよう」。これが「メイドインアマガサキショップ」だ。ある意味で悪乗りである。売れるか売れないか全くわからないので、あくまでも二日間限定の実験的な店舗としてスタートするつもりだった。しかし、ここでもNHKが威力を発揮する。「メイドインアマガサキショップ」がオープンすることを前日のニュースで流してくれたのだ。オープン当日、「メイドインアマガサキショップ」はお客さんでごった返した。特に地元のソースやポン酢が飛ぶように売れた。この風景を目の前にしてメンバーは確信した。「地元のものなら地元の人は買うし売れる。地元産というだけでブランドであり、かつ強い訴求力を持っている」。「これは商売になるのでは」とオリジナル商品の開発にも着手した。メーカーの異なる尼崎産のソースやポン酢を詰め

「メイドインアマガサキ」の逸品たちを
紹介した「メイドイン尼崎本」

合わせて「尼の秘伝調味料セット」として売りだしたところ、何とたった三週間で五千セットも売れてしまった。

「メイドインアマガサキ」は地域のヒトとモノを輝かせる事業

「メイドインアマガサキ」を認証する「メイドインアマガサキコンペ」はこれまで全七回開催され、合計二〇六点もの「尼崎らしい」商品や製品、人物が集まった。なかには今まで見向きもされなかった商品が今やテレビにも紹介されて売れているという。ソースはこれまで一升瓶だけで売っていたが、小瓶に移し替えて売ったら売れた。いつの間にか息子が商売を手伝っていたという話も聞こえてくる。このように「メイドインアマガサキ」は地域の強みを磨いて輝かせる事業だ。併せて地域の人を磨く事業でもあるという。何をしているかといえば、皆で「メイドインアマガサキに選ばれるってすごいよね」と褒め合っているのだ。偏屈親父ででもなければ褒められて嫌な人はいないであろう。褒めることで人も輝き出すのだ。

さらに「メイドインアマガサキ」に選ばれた食材で「尼バーガー」を作ってしまった。「尼バーガー」は「メイドインアマガサキコンペ」でグランプリを受賞したマルサ商店の手作りベーコン、日亜物産の植物工場で栽培された工場野菜、そして生地（バンズ）はモンパルナスのピロシキに使われる特製生地だ。地元の素材にこだわった一品である。なお、「尼バーガー」では「メイドインアマガサキ」のメンバーだけで作ったということを目玉にして記事をリリースして記者会見をした。尼崎の人たちはまちづくりを楽しんでいるなぁとつくづく感じる。

若狭さんの「一番は自分たちのまちをオモロがること。もちろん儲けも必要だけど、まずは楽しめる人たちでないと、まちづくりなんてできないんじゃないかと思う」という話が記憶に残る。

伊良原さんは、「世界でもトップレベルの技術を持った企業の製品と、鯛焼きやてんぷら、豆腐が同じ審査のテーブルに載ることが尼崎ならではであり、尼崎の誇りに思える」と言う。「メイドインアマガサキ」事業を通じて、尼崎の人たちが「アマってすごいやん!」「アマっておもろいやん!」「友達に自慢したろ!」「いっぺん行って見よ!」「自分達ってすごいんや!」と思える仕掛け作りをこれからもしていきたいと話す。地元の人が地元を自慢できるまちづくりと言い換えることもできるだろう。

「尼崎一家の人々」の誕生

二〇〇九年三月。一冊のガイドブックが誕生した。その名も「尼崎一家の人々」。お酒の好きな昭和父《あきかず》さん、つまみ食いに目がない長男の三和《みつかず》くん。歴史好きのおはまばあちゃんなど尼崎に住む架空の一家がそれぞれの目線でまちの見どころを紹介している。

尼崎のまちにはこれまで観光の視点が全くなかった。工場のまちに観光の視点は必要なかったからだ。他のまちに行けばどこでもまち歩きのマップが複数あるものだが、尼崎には阪神尼崎駅周辺を紹介するマップがなかった。ところが、二〇〇九年に阪神なんば線が開通し、奈良と尼崎や神戸とがつながることとなった。「尼崎の中心市街地にも奈良方面からお客さんが来るんじゃないか。でも阪神尼崎駅周辺を紹介するマップがない」。

そこで尼崎は中心市街地活性化協議会でマップを製作することとなり、メンバーらで他の地域のマップについていろいろと調べてみた。しかし、どのマップも誰がターゲットかよくわからない。マップを見ても誰が見るマップなのかイマイチはっきりしないものが多い。

複数のターゲットに対して家族で尼崎を紹介する

一方、若狭さんらには、これまで育ててきた「メイドインアマガサキコンペ」での認証商品やお店をさらにPRすることも念頭にあった。あたらしもん部門、最強のアテ（つまみ）部門、アピールグッズ部門、伝統の一皿部門など、実際に市民から寄せられた地元自慢は「お父さんはこれがいい、お母さんにはこれ」と年齢や性別、ジャンルを越えて始まったものだ。「複数のターゲットに向けてどうマップを作っていったらいいのか」。

メンバーで議論を重ねるうちに「年齢や性別を超えたターゲットなんだから家族で尼崎を紹介すればいいんだ」というアイデアに行きついた。そこで登場したのが「尼崎一家の人々」である。当時から流行りだしたソフトバンクの白戸一家もヒントに、地元に暮らす架空のキャラクターを作り、彼らにそれぞれの立場で町を紹介させることを思いついた。

早速「メイドインアマガサキコンペ」で認証された店や企業を中心市街地の地図に全てプロット（印をつける）していった。そのうえで、お母さんのみそのさん（四八歳）が紹介するページには惣菜や漬物、調味料の店を、娘の愛さん（二二歳）の紹介するページにはスイーツやグルメな店を載せて、ターゲットごとに楽しめるガイドブックが完成した。

「尼崎一家の人々」ガイドブックと連続マップ小説「長男・三和のちょっとつまみ食い」

まちを旅する「尼崎一家の旅」

　ガイドブック作りだけで終わらないのが尼崎だ。「ガイドブックを作るだけじゃ面白くない。実際にガイドブックを片手にまちを案内する人たちを集めよう」と話が大きくなる。それが「尼崎一家の旅」だ。「まちを案内してくれませんか？　それぞれの目線で案内してくれませんか？」と声をかけたところ老若男女二〇人が集まった。研修を二〜三回したのちに五つのツアーを開催した。二〇一〇年二月に開催した五つのコースはどれも定員一杯だった。「主婦〝みその〟の今夜の食卓にもう一品コース」では、二千円の参加費のなかに土産代も含まれているのだが、参加した主婦たちは買ってくれと言わなくてもどんどん店の商品を買ってくれた。尼崎の逸品を前に自然と財布の紐が緩む。伊良原さんは「ツアーをきっかけに、地元の人でも知らない隠れた名店で、安心して買物や食事をしてもらえる機会を作り、お店やこのまちのファンになってもらえれば嬉しい。梅田やなんばなどのターミナルの商業集積では感じられないワクワク感を尼崎で楽しんでもらえれば」と話す。

　伊良原さんは、「これまでは、商店街の情報発信をする時に、商業者の立場でしか発信をしていなかったように思う」と言う。一方、「尼崎一家の人々」は従来とは異なり、「五人それぞれのほのぼのとしたキャラクターが買物客の目線で商店（商品）を紹介するように心掛けている」と言う。「今後はこの五人にもっともっとディープな尼崎を紹介してもらえるように、尼崎のまちを探索します」と伊良原さんは語った。

「自虐的《じぎゃくてき》な」まちから「諧謔的《かいぎゃくてき》な」まちへ

尼崎での活動の原点は、地域の強みを磨くことだ。若狭さんは「尼崎はイメージの悪いまちといわれてきた。地域の人たちの多くもこれまで尼崎のまちに対して自虐的だった。そんなまちを諧謔的（ユーモラス）にとらえてまちづくりができればと思う」と話してくれた。尼崎のなかで埋もれていた様々な資源。誰かが掘り起こしてくれなかったら、日の目を見ずにその役割を終えていたかもしれない。実際に各地にそうなってしまった地域の宝がたくさんあるのではないかと思う。尼崎の取り組みは一つひとつは何も難しいことをしているわけではない。地域に眠る原石を表舞台に登場させ、それを磨いて輝きのあるものにしていく作業だ。彼らにまちづくりを楽しむ気持ちがあるから、様々なアイデアが次々と出てくるのであろう。

ツボ4　まちのファンを育てる／まちの役者を育てる

まちづくりは人づくりの視点がとても大切だ。どんなに素晴らしい計画を作っても、実際に計画を実行したり、まちを使ったりする「人」がいなければ、その計画は絵に描いた餅だからだ。その「人」の層に厚みのあるまちは、まちにも厚みがあるように思う。一言で「人」といっても、まちを支えていく人（役者）とまちを使う人（ファン）がいる。まちを存分に使ってもらうには、それぞれを育てていくことが大切だ。ツボ4ではそんな人づくりに取り組む事例を通じて、その大切さを皆さんと一緒に考えていきたい。

1　心に響くということ・感動を呼ぶということ　体験型観光から得られるヒント

体験型観光で輝く子どもたち

九州の西端にある長崎県北松浦半島とその周辺の島々。宿泊先での夕食の時間。修学旅行で訪れた子どもたちが「魚や野菜がめっちゃ美味しい！」と口々に語っている。食材は、定置網や港釣り、船釣りで獲った魚、農業体験で収穫した野菜など、自分たちで獲ったものだ。そこには、体験や民泊を通して感動し、また、初めての地で見ず知らずの人と心が通じ合い、信頼関係を築けたことで、活き活きとした表情に変わり涙ながらに「帰りたくない！」と話す子どもたちの姿があった。

修学旅行生の刺網漁体験の風景

この地域には、島や半島ならではの変化に富んだ自然や多様な生業が残っていた。これらの自然環境や生業に根ざす食文化・生活文化そのものを活かし、交流人口の拡大によって地域経済の活性化を図るため、一般社団法人まつうら党交流公社が中心となって行っているのが、この体験型観光「松浦党の里ほんなもん体験」だ。約九〇種類の豊富な農林漁業体験プログラムが用意されている。このプログラムの一番の特徴は、さきほどの漁村・農村での民家ステイ体験（民泊）だ。民泊による心の高まりや感動は想像以上だという。

受け入れ側の民家の人も輝き出す

修学旅行の受け入れは二〇〇三年度に始まり、受け入れ人数は同年度約一千名、二〇〇五年度約四五〇〇名と年々増加し、二〇〇六年度には単年度で一万名を超え、経済効果は一億円（直接効果）を上回った。さらに二〇〇九年度には単年度二万一千名を超え、経済効果は二億五千万円（直接効果）に達している。

受け入れ側の民家の当初の反応は、「田舎だから何もないし、こんなところに修学旅行生が来るはずがない。他人を泊めるのはちょっと…」と、なかなか受け入れると言ってもらえなかったという。しかし受け入れた後は、「楽しかった！」「家の中が久しぶりに賑おうた！」「よかコトしてくれたね！」「今度はいつな？」と異口同音に評価してくれたという。農漁民である担い手は、体験や民泊を通して子どもたちが感動し、活き活きとした表情に変わり、涙ながらに「帰りたくない！」と語る姿に出会うことで、青少年

人々に感動を与える六つの理念（体験型観光と従来型の違いから）

体験型観光	従来型観光
大変	簡単、楽（らく）
むずかしい	やさしい
時間がかかる	お手軽、すぐできる
危ない	安全、雨天中止
不便、不合理	便利、合理的
原始的、旧式	近代的、最新式

の健全な育成に自らが役立っているということを実感し、生きがいに出会えたことや社会貢献ができたことに対して喜びと誇りを得るようになったという。体験型観光を通じて、訪れる側だけでなく受け入れる側も自信や誇りを取り戻し、地域が、そして人が輝き出した。まつうら党交流公社の筒井雅浩さんに、なぜこのプログラムがここまで成長してきたのかと聞くと、「すべては志にありです」という答えが返ってきた。熱い想いを持ったリーダーがプログラムを牽引していた。

体験型観光がなぜ脚光を浴びているのか

このように今、全国各地で体験型観光が行われている。「松浦党の里ほんなもん体験」プログラムのように高い評価を得ているものも多い。なぜ高い評価を得られるのだろうか。そして体験型観光から得られる中心市街地活性化のヒントとはどんなことだろうか。

体験教育企画の代表で「体験観光ネットワーク松浦党」の理事でもある藤澤安良さんによれば、人々に感動を与えるような体験観光にするためには、上のような六つの理念をしっかり捉えた体験であることが重要だという。

一つめは、「簡単、楽《らく》」ではなく「大変」であることだ。大変であるからこそ、自らが体験したことに対して喜びが生まれ、自慢ができ、そこから自信につながる。二つめは、「やさしく」ではなくて「むずかしい」ことだ。難しいからこそ、乗り越えた喜びは人一倍であり、充実感、達成感がある。三つめは、「お手軽、すぐできる」ではなくて「時間がかかる」だ。時間がかかるから、そこから会話が生まれ、交流ができる。その交流の中から、新たな、あるいはより深い人間関係が構築できる。四つめは、「安心、雨天中止」ではなく「危ない」くらいがいいということだ。危ないから、天候が変わるから、安全対策や健康管理のノウハウが身につき、自然環境や農林漁業が深く理解できるし、自然に対する畏敬の念も生まれる。五つめは、「便利、合理的」ではなく「不便・不合理」ぐらいがいいということだ。不便であったり、不合理であったりすることにより、工夫したり合理性を見出したりすることにつながる。それがひいては創造力・問題解決能力の向上につながる。最後の六つめは、「近代的、最新式」ではなく、「原始的・旧式」であることということだ。原始的・旧式であるからこそ、手先や体を十分に使い、知恵や技術を知り、自己能力を発見し、自信が持てるようになる。このようなことを意識しながら体験型観光を企画することにより、心に刻まれる、感動を与える観光になるという。

体験型観光から得られる中心市街地活性化へのヒント

それでは、体験型観光の六つの理念から得られる中心市街地活性化のヒントとはどんなことだろうか。前頁の表を見ると、左側の「従来型観光」は郊外の大型ＳＣのようであり、一方、右側の「体験型観光」は、衰退した中心市街地のようではないか。以前の中心市街地にあった便利さの多くは郊外に移り、中心市街地には不便さだけが残ってしまった。体験型観光がこの不便さを代表とする六つの理念を強みとしたように、中心市街地も、逆転の発想でこの不便さを強みとしてまちづくりができるのではないかと思う。

体験型観光の先進地である和歌山県で「和歌山ほんまもん体験倶楽部」を設立するなど体験型観光のプログラムづくりに携わり、かつ「観光カリスマ」（国土交通省選定）で中小機構のプロジェクトマネージャーでもある刀根浩志さんによれば、「それぞれの土地のホンモノに触れたり、思いがけない感動を得てみたいという人たちが増えている」という。そして「一度ホンモノに触れたり思いがけない感動を得たりした人はリピーターになる確率が高い」という。

2 まちなかでも体験型観光がはじまった　OSAKA旅めがね（大阪市）

一方、中心市街地でも体験型観光がスタートしている。中心市街地での体験型観光のなかから、「OSAKA旅めがね」の取り組みを紹介しよう。

下町エリアを歩く「大正・三軒家　下町水辺の楽園ツアー」

二〇一〇年九月のとある土曜日の午後。JR大阪環状線の大正駅には老若男女二〇名ほどが集まっていた。「OSAKA旅めがね」が企画した「大正・三軒家　下町水辺の楽園ツアー」に参加する人々だ。数人のグループもいるが、なかには一人で参加している人もいる。このOSAKA旅めがねは二〇一〇年九月現在で定番のコースが全一四コース設定されている。そのうち「大正エリアコース」は下町エリアを歩くコースのひとつだ。

日本でも珍しい周りが全て水で囲まれる島状の大阪市大正区。その大正区の三軒家地区は、かつては四国や九州、沖縄からの船員で栄えたエリアで、区民の約四分の一が沖縄出身だという。「大正・三軒家

下町のツアーでみたらし団子とホルモンを食す

下町水辺の楽園ツアー」は、かつて栄えた名残を感じる商店街を歩きながら、地域で育まれた「食」を楽しみ、そして新たな水辺の魅力を体感するツアーだ。

午後二時に案内役のエリアクルーの古川章子さんが「ＯＳＡＫＡ旅めがね」の旗を持って先導し大正駅を出発した。まずは、大正時代の一九一五年にできた大正橋に行く。区名の由来となった橋だ。橋の半ばで止まり古川さんから参加者に問題が出た。「橋によって陸とつながったことを喜んだ区民の気持ちが橋に表現されています。それはなんでしょう」。みんな考えるがわからない。「う〜ん？」。欄干が何か違う。「答えは、橋の欄干にベートーベン作曲・交響曲第九番『歓喜の歌』の楽譜がデザインされていることです」。よく見れば歩道にもピアノの鍵盤がデザインされている。これもそうだ。さりげなく地区の歴史も勉強させてもらい、今度は下町地区へ向かう。

「下町」の地域資源との触れ合いから一転して洒落た雰囲気に

ここからはこの地域ならではの名物の食べ歩きだ。沖縄の食材専門店で沖縄名物のポーク玉子をいただき、その足でかつては四国や九州、沖縄からの船員で栄えた三泉商店街に行った。どんな名物に出会えるのかワクワクしたりドキドキしたりだ。空き店舗もあるこの商店街だが、なかには元気一杯の

一転して水辺の洒落た空間に（奥には大阪ドームが見える）

店もある。週末限定で二〇〇個以上が売れる名物福神漬入りカレーパンはお世辞でなく旨い。店長の中谷明子さんの話も上手い。和菓子屋の店先で焼いてくれるみたらし団子は絶妙なやわらかさで余りのおいしさに追加する人もいる。そして匂いだけでご飯が食べられそうな絶品のホルモン。どれもこれもとても美味しくて参加者はみな満足げだ。

そして最後は一転して尻無川に浮かぶ洒落たボートハウスバーに。暮れなずむ夕日を見ながらテラスのデッキでくつろぐひとときは大阪市内にいることを忘れてしまいそうだ。大都会大阪にありながら、そして大阪ドームを間近にしながら触れ合う下町情緒と下町のみなさんとの会話、そして美味しい「食」と大阪っぽくないボートハウスバー。普段の大阪でない大阪に出会った「大正・三軒家　下町水辺の楽園ツアー」だった。

年に数日しか見られない地域資源をツアーに盛り込む

二〇一〇年一〇月八日から九日限定で、「本邦初！オールナイトで水辺を楽しむ〜船で巡る中央卸売市場とご来光カフェ」が企画された。大阪の中心部にある淀屋橋から東を見ると土佐堀川の向こうに生駒の山並みが望める。年に数日だけこの場所から生駒の山並みの向こうから昇る「ご来光」を見ることができるのだ。二〇一〇年で五年目の企画だが、始発電車に乗ってもご来光に間に合わない人のためにオールナイトツアーを用意したのだ。二〇一〇年は残念ながら雨で中止になってしまったが、前年は満員御礼だった。このように「OSAKA旅めがね」は、滅多に見られない企画を定番の一四コース以外にプレミアム商品として販売したりもしている。

プロデューサーの想い

この「OSAKA旅めがね」をプロデュースしているのが㈲ハートビートプランの泉英明さんだ。「OSAKA旅めがね」は、今までそれぞれのエリアでまちに密着した活動をしていた約二〇名の市民が集まり、大阪のほんまもんの魅力を自ら楽しみ、また世界中の旅人に楽しんでほしいとの想いでスタートした体験型観光プログラムである。水都大阪二〇〇九のプログラムとしてデビューし、その後民間事業として継続している。泉さんは「六〇人ほどの地元案内人はプロの資格やホスピタリティ（おもてなしの心）を持っている。案内人の皆さんが地域と旅人をつなぐインタープリター（仲介役）となり、心はずむ出会いを演出できればと思っている。そして、プログラムを継続することで、大阪人自らのわがまち意識を醸成するとともに、そこに暮らす人と体験観光を楽しむ旅人とのいい関係を作り、その結果として、地域に関わる新たな担い手が増え、地域のコミュニティが元気になることを目指している」と話す。

与えられた愉しみから探し出す愉しみへ

このように、「田舎型の体験型観光」と「都会型の体験型観光」ではいくつかの共通要素があることがわかる。

郊外の便利さと競争するだけが中心市街地の存在意義ではない。いや郊外の便利さと競争することは非常に難しい。「ＯＳＡＫＡ旅めがね」の取り組みを見ても、「田舎型の体験型観光」と共通する、郊外の便利さにはない魅力が都会にはあり、それを好む人も一定の割合でいることもはっきりしている。与えられた楽しみに飽きてしまった人々が、探し出す愉しみへとシフトしている。私たちは郊外を「脅威」と恐れ続けるのではなく、これからは、郊外と全く別の視点で中心市街地の魅力を作っていく方法があるのではないかということを「体験型観光」は教えてくれているのではないかと思う。

3 首都圏のベッドタウンが若者のまちへ変身する（千葉県柏市）

ここまでは「まちのファンを育てる」取り組みについてみてきた。店もファン（固定客）が定着しないと商売が続かないのと同様に、まちもファンがいなければ持続していかない。人口減少社会であればなおのこと、まちづくりにはファンづくり、リピーターの確保の視点が欠かせない。一方、ここからは「まちの役者を育てる」取り組みを紹介したい。まちが維持、発展、あるいは再生していくためには、そのまちを支えていく人材を生み出す仕組みが不可欠だからだ。

「らしさ」が何もないまちだった柏市

今では、若者の街、ストリートミュージシャンの街としてにぎわう柏市。連日多くの来街者でにぎわっている。明治時代の初頭までは一農村に過ぎず、戦後もどこにでもあるような首都圏近郊のベッドタウンだった柏市が、特にこの十数年やってきたまちづくりは「素晴らしい」の一言だ。ツボ６でも取り上げるように、柏市のまちづくりは「人はイメージで行動する」をキーワードに、まちのイメージアップ戦略を

柏駅前のダブルデッキで歌う若者

次々と展開していくのだが、柏市には、そもそもイメージアップをする素材が何もなかった。

そんななか、柏は、ストリートミュージシャンに光を当てる。一九九〇年頃から柏駅前のペデストリアンデッキ（バスターミナルの上を駅前広場や歩行者専用道路にしたもの。柏ではダブルデッキと言われている）では、ストリートミュージシャンが集まり、それに連れて若者もまちに集まるようになっていた。彼らはなぜか周辺のまちには集まらず、柏駅前に来て歌った。しかし、当時彼らは他人の迷惑を顧みずに大音量で演奏をしたり、夜更けまでまちなかを徘徊し喧嘩をしたり、ゴミを片付けずに帰るなど、必ずしも市民から認められた存在ではなかった。

この若者たちとまちの距離がぐっと縮まったのが一九九八年の「ストリートブレイク」というイベントだ。企画したのは、柏商工会議所青年部が実施した若手育成塾である「柏塾」の若者だった。「ストリートミュージシャンたちこそが、唯一、今の柏のまちを象徴する存在であり、〈柏発〉の若者文化そのものだ。彼らをまちづくりに活かさない手はない」。柏塾のメンバーたちは、普段は広場の片隅で演奏をしている彼らをダブルデッキに用意したステージに上げてコンテストを開催した。駅周辺で演奏していたミュージシャンたちが大勢参加した「ストリートブレイク」は大成功を収めた。これを機に、「柏＝ストリートミュージシャンのまち」というイメージが一気に広がり始めた。まちとストリートミュージシャンたちがつながり始めた。ストリートミュージシャンたちがまちの役者の仲間入りをした瞬間だった。

柏らしさは「若者の街」とした

ここから柏は「若者の街」としてまちづくりに取り組み始めることになるのであるが、歴史の浅い柏は、市民の間でも「歴史のない街、顔のない街」と言われ続けていた。駅前に百貨店はあるが、ほかに他の地域に誇れるものは何もなかった。競合するJR常磐線沿線の都市と比較して柏にしかないものは本当にないのか。考えた末に見つかった答えがこの「ストリートミュージシャン」だった。「近隣の我孫子市にも松戸市にもないものはストリートミュージシャンじゃないか」「ストリートミュージシャンの音楽を聴きに来る〈若者〉をターゲットにまちづくりをしよう」。地域を活性化するための資源を考えた時に、柏にはストリートミュージシャンのほかに選択肢がなかったのだ。しかし、柏のこの原石を磨いていく。それが柏のまちづくりの真骨頂だ。

その後、柏はまちのイメージを発信する組織を立ち上げるとともに、様々な組織が次々と事業を展開していき、何もない普通のまちから、今や「東の渋谷」と称され、多くの若者が行きたくなるまちに変身した。何もないまちが魅力的なまちに変わった。

多くの地域が「何もない」と諦めてしまうが、柏の場合は当初は必ずしも市民から認められていなかった「ストリートミュージシャン」をまちづくりに活用した。ゼロからのスタートではなく、むしろマイナスからスタートしてプラスにしてしまったのが柏のように思う。「何もない」なら「何かを探せばいい」ということを柏は私たちに教えてくれた。

柏好きを育てる若手育成塾「柏塾」（＝ストリート・ブレイカーズ）

さて、ここで改めて「ストリートブレイク」をはじめとした様々なイベントを企画運営しているストリート・ブレイカーズについて紹介しておこう。柏市では若手育成構想が一九九八年からスタートした。「若者と街の接点づくりをしよう。柏を若者の街にしよう」という柏商工会議所青年部の強い想いから誕生した「柏塾」がそのはじまりだ。「柏塾」の狙いは、自由な発想で柏を盛り上げる企画を塾生から引き出すことがそのひとつであったが、青年部としては、これとは別に、塾生自身が「柏塾」を通じて「柏の街が好き！」「柏に住み続けたい！」と思えるようになったらという期待もあった。

「柏塾」の研修期間は一年間。前出のように、塾の集大成である卒業制作でストリートミュージシャンたちをステージに上げてコンテストを開催した。イベントの名称は「ストリートブレイク」。このコンテストは大成功を収め、これを機に「柏＝ストリートミュージシャンの街」というイメージが一挙に広がり、ストリートミュージシャンと柏の市民との信頼関係の基礎ができあがった。柏の場合「柏塾」の塾生が企画したイベントが、その後のまちの方向性を決めていくことになった。

失敗を許すリーダーの度量

「柏塾」はその後「ストリート・ブレイカーズ」と名称を変えることになるのだが、彼らはストリートミュージシャンと柏の市民との接着剤の役割をみごとに果たした。その後も柏はこの「ストリート・ブレイカーズ」を中心に様々なイベントを繰り広げて、まちのにぎわいづくりを続けた。なかには大失敗したイベントもあるようだが「イベントは失敗してもいい」とまちづくりのリーダーの石戸新一郎さんはいう。

多くのまちでは失敗したら「あいつはダメだ」ということになってしまう場合が多いが、柏の場合は違った。「失敗を恐れていたら、思い切ってチャレンジすることもできないし、一回の失敗で若者を否定するようなことになれば、せっかく育ってきた若者の芽を摘んでしまいかねない」と石戸さんは言う。人づくりのためにはリーダーや仲間が若者や同僚の失敗を許す度量の大きさも必要だ。

4 組織やイベントが若手を育てる　下通二番街商店街（熊本市）、大須商店街連盟（名古屋市）

二〇歳代から役職に就く——下通二番街商店街（熊本市）

商店街の中でも次世代を意識的に育成していく仕組みを作っているところがある。熊本市の中心市街地六商店街のひとつであり、熊本市中心市街地最大規模のアーケードを有する下通二番街商店街振興組合では、若手を役職に抜擢する伝統があり、それが通例になっている。若くは二〇歳代から三〇歳代で役職に就くことが珍しいことではない。下通二番街商店街の事業部長の長江浩史さんは二八歳の時に事業部長になった。長江さんは「当時は失敗の連続だったが、失敗しながら商店街のいろいろな仕事を覚えていった」と振り返る。このような若手の登用を始めたのは三代前の理事長だった。「あのときの理事長が若返りを決断していなかったら、この商店街の役員は高齢化していたと思う。若者が役職に就くことで商店街自身が元気になった」と長江さんは言う。

確かに、若手を登用することで商店街活動に対する若手の意識は当然のことながら高まる。商店街の人材の層も厚くなる。年配者もこういうルールになっているから役職に固執しない。理事長の責務を果たさ

ストリート・アートプレックス開催時の下通二番街(左)とにぎわう大須商店街(右)

ないのに何十年も役職にしがみついているどこかの商店街のトップとは大違いだ。当然、商店街活動の質も違ってくるだろう。そういえば熊本市内で繰り広げられるストリート・アートプレックスも複数の商店街の若手が立ち上げたイベントだ。熊本のまちは若手を育てる風土があるのかもしれない。

最大のイベントの実行委員長を毎年変える——大須商店街連盟(名古屋市)

名古屋市中区にある大須商店街。大須観音の門前町で、東西約六〇〇m、南北約四〇〇mで囲まれた区域内に八つの商店街が形成されている。八つの商店街には約四〇〇店舗、地区内全体では約一一〇〇店舗が集積し、あらゆる商品が揃っており、「ごった煮」的な面白さがあるいつもにぎやかな商店街だ。

大須商店街の若手育成の歴史は実に一九七〇年代に遡る。一九七五年に衰退したまちに危機感を抱いた商店街がイベントを実施。このイベントの成功をきっかけに一九七八年以降大須商店街最大のイベントである「大須大道町人祭り」が毎年開催されている。八つの商店街から形成される大須商店街連盟が実施するこの「大須大道町人祭り」に若手育成のポイントがある。三〇年以上にわたって開催されているこの祭りの実行委員長(責任者)は若手経営者から選任し、企画から立案、実施まで、各委員、組合員を牽引するのだが、この実行委員長は毎年代わることが取り決められているのだ。したがって三〇年で三〇人の実行委員長が存在することになる。

　これだけの数の実行委員長経験者がいれば鬼に金棒である。熊本の下通二番街商店街も大須商店街連盟も初めから人材がいたわけではない。自分たちでルールを決めて若手を育成してきたのである。商店街衰退や組織の停滞を自分たち以外のせいにするのではなく、まずは自分達のできる改革から始めることを二つの商店街は教えてくれる。

まちを支えていく人を作る

　地域で行われているイベントには、企画をイベント企画会社に丸投げしているところがまだまだ多い。イベント会社に丸投げしてしまってはノウハウが残るのはイベント会社だけで、まちを支えていく人材が育たない。今の時代は知恵を絞らなければ、まちには人も来ないしモノも売れない。知恵を絞ることができるのは人であり、特に従来の常識にとらわれない若者の柔軟な発想と俊敏な行動力が必要だ。ただ、若者も黙っていてはまちに戻ってこない。若い頃から彼らが活躍できる場を用意し、次世代のリーダーを育てていくことが大切であろう。若い頃からまちに携わることにより、まちへの愛着心も醸成される。

　実際にまちづくりで成功している地域には必ず人がいる。繰り返すが、先行きが見えない時代になればなるほど人の力と知恵が必要だ。そのためには、私達は次の世代を育成していく義務がある。

　私はツボ7で紹介しているまちづくり長浜㈱の吉井茂人さんの言葉が忘れられない。長浜はこの二〇年間、㈱黒壁によるまちづくりからはじまり、後ろも振り返らずに懸命にまちづくりに邁進してきた。その長浜のまちづくりに唯一の欠点があると吉井さんは言う。それは「人づくりをしてこなかった」ことだと。

まちづくりは五年や十年ではなく、五十年、百年いやそれ以上の取り組みだ。長浜がこれまで築いてきたものをいかに維持、発展させていくか。そのためにはいかにしてこれから人づくりを進めるか。まちづくりはそれを進めるのと同時に人づくりを進めることがとても大切なことである。

5　まちのファンと役者を同時に育てる　下町レトロに首っ丈の会（神戸市長田区他）、まちゼミ（岡崎市）

最後に、神戸の下町でまちのファンと役者を同時に育てている「下町レトロに首っ丈の会」の取り組みを紹介したい。

第三七回下町遠足ツアーは「レトロな長田☆真野の沖縄料理教室編」

二〇一〇年四月の第四日曜日。朝十時に神戸市長田区のＪＲ新長田駅の改札を出たところに四〇人ほどの人だまりができている。日陰はちょっと肌寒いけれど、日なたに出ると結構暖かい。参加者は男性もいるし女性もいる。「こんにちはっ！」と挨拶をする人たちはすでに顔見知りのようだ。後から聞いたのだが年齢は中学一年生もいれば七〇歳になる男性もいて相当幅広い。親子もいればカップルもいるし、グループもいれば、単独参加の人もいる。今回は日本人だけではない。あとから聞いてみると、フランス人、ドイツ人、タイ人それにスウェーデン人のようだ。傍からはどんな集団なのか想像もつかないだろう。

これは三七回目になる「下町遠足ツアー」の集合場所での風景だ。集まっている皆さんの顔をみるとワクワクしている顔もいれば、どんなツアーになるのか少し不安そうな顔もある。私も初参加だったのでちょっぴり緊張気味だったかもしれない。これから午後三時までの五時間余り。奇想天外の「レトロな長田

☆真野の沖縄料理教室編」のスタートだ。

　集合時間の十時を過ぎてもまだ数人が来ていないようだ。でも幹事のひとりで「下町レトロに首っ丈の会」の隊長の山下香さんは全く慌てた様子もない。集合時間から何かゆったりとした雰囲気が漂う。本日のツアーの行程表を見ると見どころ満載だ。でも無理はしない。時間が押せば訪問先はその場に応じて変更もある。予定していなくても面白そうだったら追加しちゃう。行程が多少変わっても気にしない。いい加減なんていったら失礼だ。秒刻みとか分刻みの堅苦しさがまったくない。日常の時間に拘束された生活から開放されたような何ともゆる〜いツアーなのである。今回もツアー参加者の自己紹介の時間が変更になった。ツアーの企画参謀の二人がツアーの進行状況とにらめっこしながら柔軟にスケジュールを変更して、いかに参加者に喜んでもらえるかどうかの一点で一生懸命に頭をひねっているように見えた。

「下町遠足ツアー」集合場所の風景

下町の日常がツアー客の非日常

　さて、話は今回のツアーのことに戻る。今回はいつもお世話になっている真野地区への訪問らしい。真野地区自体がどこなのかよくわかっていないが特に説明もない。ツアーの締めくくりは手品と沖縄料理を体験する手品教室と料理教室の二本立てのようだ。いつにも増して贅沢かつ豪華なツアーのようである。

　自己紹介をする間もなく、さっそくツアーが始まった。毎回案内するのは

新長田の新名所となった鉄人28号

駄菓子屋さんにてお買い物ゲーム

「下町レトロに首っ丈の会」の会長の伊藤由紀さんと隊長の山下さんだ。まずは最近完成した鉄人二八号のモニュメントを見に行く。思ったよりも巨大な鉄人二八号は集客効果も巨大なようだ。特に休日は遠方から鉄人二八号を見に来る親子連れやカップルも多い。鉄人二八号を南に下ったところが大正筋商店街だ。この付近は阪神淡路大震災で甚大な被害を被った地区である。この付近一帯は震災後に再開発をしたので、下町だったとは思えないほど綺麗なまち並みになった。そして、早くも大正筋商店街にある茶舗の味萬さんにてお茶試飲タイム。さっそく買物をする人もいる。早くも地域におカネが落ちた。

その後純喫茶で自己紹介をして少し打ち解けてから、いよいよ震災で焼失を免れたレトロな真野地区に向かう。真野地区に到着するとさっそく駄菓子屋さんにてお買い物ゲームがはじまった。大の大人たちが一〇〇円分の駄菓子を買うのだ。みんな頭のなかで算盤をはじきながら、楽しみながらも真剣に買物をしている。一〇〇円を超える買物をした人は一〇〇円に納まるように返品だ。どれを返品しようか真剣に悩んでいる姿が何とも可愛い。そんな子供心に戻った体験を後に、いよいよ今日のメインイベントである手品教室と沖縄料理教室の会場に向かった。

ツアーの常連客によるマジック（左）とみんなで作った昼ごはん（右）

まずは手品教室。今日の先生はなんとツアー常連客のプロのマジシャンだ。みんなの目の前で素晴らしいマジックを見せてくれた。ツアー参加者からも沖縄料理教室のスタッフからも拍手喝采だ。そのうえ、簡単なマジックを教えてもらいみんな大満足だ。そして最後は遅い昼ごはんをツアー参加者全員で作る。今日の料理は沖縄料理の代表選手であるフーチャンプルだ。お麩を千切る担当や野菜を切る担当が自然とできて、初めて会った「仲間」が楽しそうに料理をしている。たった数時間で仲間になっているというのは考えてみたらすごいことだ。すでに作ってくれていたテビチー（豚足の煮込み）と味噌汁とご飯を前にみんなで「いただきま～す」。みんなで作ったご飯の味は格別だ。このわいわいと話せる食事の時間がさらに仲間を増やすこととなる。別れ際にメール交換をしたり名刺交換をしたり。「次回もまた会いましょう」とみんないつの間にかすっかり仲良しになっていた。

地域のお宝の存在に気づく

「下町レトロに首っ丈の会」の活動拠点の神戸市の兵庫区や長田区という地域は、もともと工業地域で大きな工場があり、その周辺に下請け工場が点在している地域だった。そして、そこに働く労働者のための商店、市場、商店街が自然発生的に集積した住商工が混在する地域だった。

神戸ではインナーシティ問題という言い方をするが、阪神淡路大震災以降、神戸市の経済は長らく停滞し、高齢化も進展するなかで、ある時期から丘陵地帯の西区に工場団地ができて、中小の工場や事業所がこの地区から流出していった。その結果、兵庫区や長田区は工業化から非工業化の地域に変貌していき、それに伴って人口は減り、高齢者も多くなっていった。また、郊外に量販店ができて個人商店が衰退し、商店主さんも高齢化していくなど、地区全体の活気がどんどん失われていく状態であった。

隊長の山下さんは震災から二年後にイギリスとフランスにわたり、建築や都市計画を学んで神戸に戻ってきた。「阪神淡路大震災では、兵庫区や長田区も多くの下町が焼けてしまった。しかし残っている下町もある。そしてその下町には下町ならではの人のつながりや、町並み、古い建物や個人商店がまだ存在している」。ぐるっと一周回って地元に帰って来た時に、「自分の住んでいる下町にお宝がある」ことに山下さんは気がついた。「ずっと神戸にいたら下町の良さは理解できなかった」と山下さんはいう。しかし会長の伊藤さんはずっと地元から出なかったのにお宝があることがわかっていた。「それが会長が会長である所以です」と山下さんは言う。

「下町レトロ地図」と「下町遠足ツアー」で下町の良さを体感する

こんな下町が大好きな仲間が作ったのが「下町レトロに首っ丈の会」だ。会が結成されたのは二〇〇五年五月。メンバーは一〇人ほどだ。一つの店でクレープ屋と駄菓子屋と食堂、それに居酒屋を兼ねた店を切り盛りする会長に、建築士の隊長、ＯＬ、バレリーナ、グラフィックデザイナー、雑貨店主、駄菓子屋店主のおばあちゃん、ビンジュースを作っていたおばちゃんなど二〇歳代から八〇歳代の女子有志が集まった。何で女性だけなのかと山下さんに聞いたら「知らんうちに女性が集まっただけです」という答えが返ってきた。特に理由はないらしい。活動範囲は当初は兵庫区や長田区のなかでも下町が多い南部地域だったが、最近は活動範囲が広がり兵庫区と長田区全域になってきている。大阪の西成区や加古川市へ「出張」するようにもなった。

「下町レトロに首っ丈の会」では、まずはじめに下町レトロ地図を作製した。活動の中心の兵庫区や長田区南部は細長い地域なので、地図も葉書の大きさが横に九枚つながった細長い地図だ。地図と一緒にお薦めのお店が載っている。お好み焼き屋に肉屋、食堂、駄菓子屋、洋食屋、居酒屋、ホルモン焼屋、喫茶店等々。裏を見ると下町中の「レトロ」が大集合だ。中央市場レトロに建築レトロ、銭湯レトロ、看板レトロ、工場レトロ、ひとレトロ、娯楽レトロ。どこから探してきたんだと思うほどのたくさんのレトロを掘り出してきている。

下町レトロ地図を持つ
伊藤会長（左）と山下隊長（右）

山下さんは、「下町には下町ならではのお宝がある」と言う。彼女たちにとって、古いものはレトロであり、そしてお宝なのだ。建物や商店、人と人とのつながりといった下町のお宝を発掘し、見つけたお宝を下町レトロ地図に載せて、地域の内外に情報発信している。ある日、日本経済新聞の記者が取材に来た。「この地図に何が載っているのですか」と伊藤会長が聞かれて「う～ん地図に載ってないもん」と答えたという。「普通の観光地図には載ってないもんが載っている」「別に知ってても知らなくてもいいんだけど、知っていたらちょっと笑えるもんが載っている」のが下町レトロ地図だ。

「下町レトロに首っ丈の会」では、原則として毎月第四日曜日に下町遠足ツアーを開催している。基本的には長田区と兵庫区で交互に開催している。ツアーを始めたきっかけは、「ただ地図だけで紹介するのはつまらない。レトロなまちの歩き方を知ってもらいたい」と思ったからだ。地域にある店で買物をしたり食べ歩いたり工場を巡ったり、下町を舞台に地元の住民の特技や趣味を参加した人に教えてもらう教室なども実施している。ハードの資源とソフトの資源と両方を体感してもらう。そういうツアーを企画して下町を好きになってもらいたいと思っている。

目に見える宝と目に見えない宝

山下さんがよく聞かれることがある。「地域資源とは何ですか?」と。「地域資源とは地域の宝のことで、地域の宝には、目に見える宝と目には見えない宝がある。目に見える宝はハードの地域資源、目に見えない宝はソフトの地域資源と言い換えることもできる。結局、突き詰めると〈その地域にしかない何か〉が地域資源ではないか」と山下さんは言う。目に見える宝には、名所、史跡、建物、町並み、名物のお店などがあるだろう。一方、目に見えない宝には、歴史、文化、伝統、お祭り、風習といったものがある。目に見えないものとしては、このほかに、地域の名物住民、地域の人のつながりといったこともあるであろう。特に、地域の名物住民、地域の人のつながりは最初は発掘するのは難しいのだが、コツを憶えると芋づる式に発掘できるという。では、どういうものが下町の地域資源か。あまりにも数が多いのでその一部だけ紹介する。

目に見える宝は、ハードの地域資源と言い換えることができる。下町レトロ地図にも載っているが、レトロな看板は当然だ。また、乙女は大好きだと思うが、純喫茶も地域資源だ。最近は純喫茶ブームでいろんな地域の純喫茶を紹介する雑誌もあるという。町工場も見方を変えればアトリエや工房に見える。神戸ドッグの船の修理工場や兵庫運河、銭湯だって立派な地域資源になる。船大工が作った喫茶店は神戸ウォーカーに紹介されたこともある。船大工が作った建物なんて見たことも聞いたこともない。まさに神戸らしい地域資源だ。

一方、目には見えない宝は、ソフトの地域資源だ。すじこん（ぼっかけ）やお好み焼き、ホルモン焼きは誰もが認める地域資源だ。昔懐かしいポン菓子のおっちゃん、ネーポン（ビンジュース）のおばちゃん、お好み焼き屋の九〇歳のおばあちゃん、懐メロ喫茶のマスター、創業五〇年の喫茶店「思いつき」の美女四人姉妹など、地域の人も立派な地域資源だ。ちなみに、お好み焼き屋の九〇歳のおばあちゃんはずっと「取材お断り」だったようだが、五年かかって口説き落とした店だという。懐メロ喫茶でマスターにお願いすると古い曲を聞かせてくれる。マスターはさながら手動のジュークボックスだが、新曲でも二五年前のものしかないらしい。

ツアーで教わる教室もソフトの地域資源であろう。懐メロ教室、似顔絵教室、立ち飲み流儀教室、スナック飲み方教室、町工場見学教室、お煮しめ教室など多彩な教室がある。

やりたいことは地域活性化

下町レトロ地図と下町遠足ツアーのふたつのツールを活用して彼女たちがやりたいことは地域の活性化

だ。「これまでこの地域に来たことがなく、〈ボロい〉とか〈なんもない〉というイメージを持っている人たち、特に若い人たちにこの地域の良さを知ってもらい、地域の人たちと交流が起きて欲しい」と思っているのだ。一方、地域の人には、若い人たちが自分たちの地域に来て、自分の店がまだ若い人たちに喜んでもらえるということをわかって欲しいのだ。教室で若者たちと一緒になって習い事をすることの楽しさをわかって欲しいのだ。「柄が悪くボロボロと言われるこの地域の人々の気持ちを活性化していくことがこの会の役割なんです」という想いを聞くと、「下町レトロに首っ丈の会」のメンバーは本当にこの地域が好きなんだなぁと思う。

店主たちへの礼儀

「下町遠足ツアー」は最初のうちはお店の人になかなか協力してもらえなかった。「最初のうちはごり押しだった」「〈やめてぇ〉と断られてばかりだった」と山下さんは振り返る。しかし、これまで来たことのない世代の若者が店に来て、リピーターになってくれると「自分のお店もまだいけてんの」と思うようになってくる。こうなればこっちのものだ。

伊藤さんも山下さんも商売人の娘だ。彼女たちはいつもあることに気を遣っている。それは、「ちょっとずつでもいいからお店にお金を落としていく」ということだ。「下町遠足ツアー」は当初は土曜日にやっていた。この地区は日曜日が休みの店が多かったからだ。しかし、二〇回目ぐらいのツアーから三〇人を超えるような参加者になってくると、日曜日に無理を言って開けてもらえるようになってきた。それなりの金額を店に落とせるようになってきたからだ。喫茶店なら三〇〇円×三〇人で九千円のお金が落ちる。

決して大きな額ではないが、お店には少しでもお金を落としていくことが重要だ。お店との付き合いにおいては、「お金を落とすことが信頼につながる」と彼女たちは肌身でわかっている。

地域のシニアを発掘する

地域活性化のためには、地域に眠っている「人財」を発掘することも大事だ。「人」も立派な地域資源である。いや一番大切な地域資源だ。高齢化が進んでいるこの地域では店主も住民もお年寄りが多い。多くのシニア「人財」が活躍の舞台を得られずに埋もれていた。山下さんたちはこの埋もれていたお宝を次々と発掘していく。五年間で発掘したシニア「人財」は二〇〇人を超えたと言う。「まちのシニアたちに笑顔が戻ったことが一番嬉しい」と山下さんは言う。「下町遠足ツアー」ではこういったシニアがよそ者をもてなしてくれる。教室でいろいろなことを教えてくれる。ツアー参加者もシニアもみんな笑顔だ。まちに笑顔が戻ってきた。

地域外とのコラボレーションが起き始めた

「下町遠足ツアー」を続けていると、当初は期待していなかったことが起き始めた。ツアー参加者と下町とのコラボレーションが起き始めたのだ。ツアーに参加していた古本屋さんに下町の店主が自分の古本を持ち込む。また「首っ丈の会」のメンバーでもあるビンジュース「ネーポン」を作っていたおばちゃんが製造をやめることになったときは、この古本屋さんで「ネーポンお疲れ会」が開かれた。この時はテレビ局が取材に来たという。このほかにもたくさんのコラボレーションが起きているが、なかには彼女たちが後から知ったこともあるという。単にまち歩きに終わらず、地域外とのコラボレーションが起き始めることを「下町レトロに首っ丈の会」は期待していたとはいえ、予想を超える展開に一番驚いているのは、企画をした彼女たち自身だった。

兵庫県のゆるキャラ「はばタン」とパリへ

二〇一〇年七月。フランス・パリのドゴール空港に、兵庫県のゆるキャラ「はばタン」と一緒に伊藤会長と山下隊長が舞い降りた。彼女たちは何と神戸の下町をPRするためにフランスまで来てしまった。それもゆるキャラと一緒に。今回の目的は下町文化（SHITAMACHI）のPRだ。

パリに上陸した「はばタン」と
伊藤会長、山下隊長

それにしても彼女たちの行動力には脱帽である。あるときには強引にシニアを表舞台に登場させたり、またあるときには店にツアーへの協力を半ば「ごり押し」で頼みに行ったり、そしてパリにまで行ってしまったり。やはりまちづくりには彼女たちのような行動的な「人財」が必要だとつくづく思う。

自分たちのまちを元気にしていく希望と意欲を持ってもらう

山下さんたちがやってきたことは、震災で甚大な被害を受け、将来への期待や希望というものを諦めかけていた地域の人々に地域内外の人との小さな出会いやつながりを作り、「もしかしたらまだやれるかもしれない」という気持ちにさせていくことだった。「地域を元気にしていくには、地域で生きていく人々が元気にならなければできない」ということを、彼女たちは明確に理解している。

地域の人々が元気でないまちで多額の補助金を使ってイベントをやってもそれは見せかけのにぎわいだ。

「下町レトロに首っ丈の会」がやろうとしていることは、そんな見せかけのにぎわいを作ることではなく、時間がかかっても地域の人々のやる気に火をつけ、「自分たちで自分たちのまちを元気にしていく希望と意欲を持ってもらおう」という取り組みなのだ。

顔の見える関係づくりでファンと役者を育てる「まちゼミ」

下町レトロに首っ丈の会のようなファンと役者を育てる意識はとても大切である。その際に、人と人の顔の見える関係づくりが特に重要だ。この顔の見える関係づくりでファンと役者を育てている「まちゼミ」を最後に紹介したい。「まちゼミ」は、「バル」や「一〇〇円商店街」とともにソフト事業の「三種の神器」であると「伊丹まちなかバル」や「近畿バルサミット」の仕掛人でもある綾野昌幸さんは言う。

愛知県岡崎市が発祥の「まちゼミ」は、商店街の店主、店員が講師となり、ゼミナール方式で商品やサービスの勉強会を開催するものだ。ゼミでは販売は直接の目的とせず、あくまでも商品やサービスに興味がある消費者にその良さを紹介する。この「まちゼミ」というツールを通じて、専門店がその専門性を活かして、消費者と店や店員との間に顔の見える関係を構築し、店やまちのファンを増やすという、郊外のSCの店員にはできないことをしている。岡崎まちゼミの会の代表である松井洋一郎さんは「『まちゼミ』を通じて店のファンが増え、店側のスキルにも磨きがかかる。また、まち全体で取り組むことにより、まちの胎動が市民に伝わりまちのファンづくりにも役立つ。そんな『三方よし』の取り組みが評価されているると思う」と語る。大型SCと専門店の違いを明確にし、自らの強みを磨いてファンを増やしていく「まちゼミ」は、私たちが忘れかけていた、つながりや絆の大切さを教えてくれているのではないだろうか。

ツボ5 つながる／連携する／回遊させる

これまで中心市街地や商店街の活性化に、「つながる」「連携する」という視点が弱かったように思う。いや、そのような意識は持ってはいるが、過去のしがらみや組織の硬直化、縦割りなどといった弊害を乗り越えられずに、つながることができず、バラバラな活動を続けている地域がまだまだ多い。この状態を続けていて活性化するのであればよいが、そんなことはあり得ない。同じ事業を実施したときに事業と事業が連携しているかどうかで事業の効果は異なってくる。むしろ、衰退した中心市街地を活性化させるためには連携しなければ効果は出にくいと言っていい。私たちはこれまでの意識を変え、「つながる」「連携する」「回遊させる」という意識と行動をとることによって、初めてまちを使ってもらえるということを理解する必要があるのではないだろうか。

1 店主と家主がつながる／世代間でつながる 上乃裏通り（熊本市）

独特の街並みが形成されている上乃裏通り

熊本市の中心市街地の一角に「上乃裏《かみのうら》通り」というエリアがある。熊本市有数の商店街である上通商店街の裏側にあるので「上乃裏」なのだが、名称は通称で、正式な通りの名前ではない。商店街組織もないし、裏通りなので道は狭いし、舗装も継ぎはぎのアスファルトだ。そんな普通の通りに古い木造家屋を改造した飲食店や服飾雑貨店など地元の若手経営者が創意工夫した店舗が建ち並ぶ独特の街並みが形成されている。その一つ一つが非常に個性的な「上乃裏通り」の店舗数は一〇〇を超える。近年、若者を中心に多くの人を呼び寄せている魅力のあるスポットだ。

この「上乃裏通り」ができたきっかけはなんだったのか。「二〇数年前に江戸時代の繭蔵をこの地域に移築・改装してそれをビアホールとして活用したんです。それがなんとなく暖かいものを感じてもらえる場所として若者に受けたみたいです」と語るのはこの繭蔵のビアホール「壱之倉庫」の設計や施工を手掛けたサンワ工務店社長の山野潤一さんだ。二〇数年前までこの下町は老朽化した民家が立ち並び、人通りも少ない地区だった。それがこの一軒のビアホールの誕生をきっかけに、今では個性的な店に若者が集まるお洒落なエリアに変身した。単なる下町が魅力的な通りに生まれ変わった。山野さんはこのうち九〇軒以上の町家の改装に関わったという。

山野さんが最初に手がけた「壱之倉庫」

「壱之倉庫」のオーナーである草野龍二さんによると、はじめは「あんたたちはバカかい」と近所の旅館のおじさんやら町会長さんに笑われたという。「こがんとこで商売が成り立つわけがないじゃないか」と。しかし実際には、「壱之倉庫」の成功によって我先にと出店者が集まってきた。

栄屋旅館のリノベーション（機能変更を伴う建物の改修）

山野さんがこの取り組みを始めた理由は、古い民家を取り壊して駐車場などにするより、改修して再利用したほうが街並みの景観を損わず、また表通りより安い家賃でやる気のある若者に出店してもらうことができると考えたからだ。

「それにしても旅館だったんですね。それにしてもうまいこと雰囲気のあるレストランになりましたね」。レポーターは俳優の志垣太郎さん。この日はまちづくりの番組の撮影だ。

旧栄屋旅館

「こういう古いものを理解してくれるテナントのオーナーたちが賛同してここに入ってくれたんです」と山野さん。取材場所は、築一〇〇年の老舗旅館だった栄屋旅館を改装したレストランだ。

栄屋旅館のおかみさんは経営が困難になり閉鎖を考えたが、土地は借地のために旅館を閉鎖して建て壊してしまったら収入が全くなくなってしまう。相談に来たおかみさんに対して、山野さんは彼女の人生設計も考え、テナント貸し出し用の賃貸店舗への改造を提案した。おかみさんは提案を受け入れたものの改装資金が足りない。ここでも山野さんは知恵を絞る。手持ち資金の範囲で先行して建物の一部を改装して店舗として貸し出し、数年をかけて残り部分の改装資金を蓄えたうえで、その部分の改装を行うという身の丈に合ったプランを示したのだ。現在では取材場所のレストランやブティックなど五つの店舗が入居し、栄屋旅館のおかみさんも安定した収入を得ることができるようになった。このように、山野さんは家主であるおかみさんの人生設計とテナントである店舗経営者の夢の両方を実現させる請負人だ。

きっかけは「もったいないから」

「古いものを生かそうと思ったのは単純にもったいないから。でもそれが新しく建てられたものにはない味を出してくれる」と山野さんは言う。個性的な店は建物だけではない。古材や廃材、古い家具や小物たちがさりげなく飾られた店内は、新しい建物や什器備品と違ってなんとなくだがとても落ち着く空間になっている。これら店の魅力アップに貢献しているレトロな役者たちは山野さんが集めてきたものがほとんどだ。

山野潤一さんと山野さんの資材置き場

山野さんは老朽化して壊してしまう家や店、蔵などの情報が入るとすぐに駆けつけ、古材や廃材、家具から食器にいたるまで何でもトラックに載せて郊外にある自分の倉庫などに持ち込む。その量たるや膨大だ。倉庫が四軒、近くの空き地にも山積みしてある。

これら一度役割を終えた「がらくた」たちが山野さんや若者たちが役割を与えることによって再び息を吹き返す。新しい材料にはない温かみを建物に与えてくれる。「捨てればゴミ、でも生かせば宝」が山野さんの口癖だ。

山野さんの出店希望者との付き合い方

山野さんの名刺には「繁盛店舗仕掛處・年中無休」と書かれている。山野さんの事務所には次々と出店希望者がやってくる。山野さんは初めて相談に来る若者には必ず「貧乏人チャート」というものを書かせる。「どんな店をどこにいつオープンさせたいのか」という目標を明確にして、開業にあたって必要な項目を全て書き出すのが「貧乏人チャート」だ。「一度でも店を持った人であれば四〇〇項目ぐらい出てくる。でも初めて店を持つ若者は必要なものがイメージできないから一〇〇とか二〇〇しか出てこない。これでは開店が近づくにつれて次々と必要なものが追加になり、予定していた開業資金をすぐにオーバーしてしまう」。山野さんは若者たちに常に「金がないんだから贅沢はするな」と言っている。だから四〇〇項目揃っても新品は買わせない。自分の倉庫に行かせるのだ。そこには例の「がらくた」たちが自分たちの出番を待っている。開業に必要なものは、テーブルや椅子、箪笥、カウンター、照明などから、飲食店であれば皿、コップ、スプーンやフォークなどありとあらゆるものがある。新品を購入していたらいくらかかるかわからない。でも山野さんの倉庫のものなら何でもタダなのだ。それに古いものには味わいがある。そして古いものには物を大事にしようとする気持ちが芽生える。実際に若者たちは開業後も古いものを本当に大切に使うという。

また、出店希望者は大抵持ち合わせの資金では足りないから、どこからか融資を受けないといけない。「必ず自分の足で融資先を探してもらう」と山野さん。ハードルの高い政府系の金融機関から、県や市の融資の窓口、そして民間の金融機関へと相談に行くことを通じて、お金を借りることの大変さ、お金の大切さがわかるのだという。

トタン屋根（左）から生まれ変わった「ア・ラモート」（右）

店主の真摯な取り組みが家主の心も動かす

上乃裏通りの一角に「トタン屋根のケーキ屋ア・ラモート」がある。「ア・ラモート」のご主人である新本高志さんは、店舗を持てなかった頃、河川敷のプレハブの中で毎日パウンドケーキを焼き、自転車を漕いで県内各地に出来立てのケーキを届けていた。遠く阿蘇山方面にも急な坂を登って売りに行ったこともあったという。自転車を買うカネもないから、郵便局の払い下げの真っ赤な自転車も山野さんの倉庫からもらってきたものだ。そんな「ア・ラモート」の店舗は、一七年前ほど前に古くなって壊されそうになったトタン屋根の倉庫を、山野さんの手によって改装したものだ。山野さんが手掛けたほかの店舗と同様に、古いけれど温かみのある店内だ。山野さんは新本さんに店舗を引き渡す時、男同士の約束を交わした。「新本くんがお金がないことはわかっているから、今回は持っている金だけで工事をする。ただ、商売が繁盛してどんなに金持ちになったとしても、自転車に乗ってケーキを売るというスタイルを変えないで欲しい、商売を始めた原点を忘れないで欲しい」と。その後、新本さんは山野さんとの約束どおり、毎月工事費を返済しながら、今でも郵便局の払い下げの真っ赤な自転車に、ベンツやＢＭＷのエンブレムをつけてペダルを漕ぎ続けている。そんな素朴で実直な新本さんに、家主である寺の住職が心を動かされた。「新本くんは十数年もの間、一度の遅れもなく家賃を払い続けた。それに加えて、毎日朝早くから夜遅くまで一生懸命に働いている。新本くんのお店はもうだいぶ古くなってきたので、私が全部お金を出すから彼の店を綺麗にしてやって欲しい」。店主の経営に対する真摯な姿に家主が心を動かされたのだ。上乃裏通りには時間の経過とともに、店主と家主の間にとても温かいコミュニティが芽生えていた。

たむろしないで独り立ちする若者たち

人と人とのコミュニティが生まれている上乃裏通りの取り組みは、ここに集まる若者が商店街のように一つの商業組織となることを推奨しているようにも見えるが、実は山野さんの意識は全く逆だ。「チャレンジショップは学生の延長の意識でしか入ってこないからだめだ」「大型店の影響を受けて慌てている経営者は日常の努力を怠ってきた人だ」と手厳しい。山野さんの若者たちに対するエールはこうだ。「まちを活性化するにはエネルギーを出す店舗を一軒でも多く出店させることが必要だ。だからみんなはまちづくりのことなんて考えなくていい。にぎわう店づくりを徹底的に考えろ」と。山野さんはあくまでも若者がそれぞれの店の経営者として独り立ちすることを目指している。

だから上乃裏通りの若者はたむろしない。「経営者ひとりひとりが一匹狼でいい」という。これはよい意味で互いに競争をするということだ。このことを山野さんはこういう言い方もした。「上乃裏は自家発電の街。大きな街が明るい蛍光灯だとすると、ここは一店一店が自力で豆電球を灯しているようなもの。一つ一つは小さいけれどその小さな光が集まって、温かいまちを作っている」と。実際に先輩経営者が若手経営者に経営について熱心にアドバイスをするような温かい関係が生まれているという。

組織でつながるのではなく気持ちでつながる

山野さんによれば、上乃裏通りは栄屋旅館の例のように、「大家さんは家賃が安定的に入ってくるので感謝してくれる。テナントの若手経営者は大家さんが安く貸してくれるので感謝してくれる。お互いにすごい信頼関係ができる。そしてお互いに感謝の気持ちを持ってくれる」そんな通りだという。また「古いものを生かしているので〈もの〉を大事にしてくれるし、さらには通りを掃除するようになったり、自分の店の前だけでなく両隣まで掃除をしてくれるようになった」という。

上乃裏は、組織でつながるのではなく、大家さんと若手経営者や、先輩経営者と若手経営者など世代間がつながり、また若手経営者同士の同世代がつながりはじめている。上乃裏通りで一緒に生きる人たちの気持ちがつながっていくまちになりつつあるように思う。そして今日も、山野さんは「どうしたら上乃裏に関わるみんなの気持ちがつながるか」ということを考えながら、若者からの相談に乗っているのだろう。

2　商店街間の連携で生き残りを図る

隣の商店街のことまで気が回らない

もう五～六年前になるが「中心市街地をなんとか活性化したい」ということで、西日本のあるまちに何度かお邪魔したことがある。中心商店街の人通りは疎らだ。あまりにも閑散としているので、特に夜に商店街のアーケードを通るのにはちょっと勇気がいる。それほど中心市街地は衰退していた。何度目かの訪問の時に地元商業者の意見を聞くことになった。商工会議所の課長さんが音頭を取り、中心市街地にある七つの商店街の理事長さんに声を掛けて、中心市街地活性化の方向性について私たちと意見交換することになった。「中心市街地をどうしたいのか、どんな意見が聞けるのか」。とても楽しみであった。が、七つの商店街のリーダーそれぞれから話を伺った私たちはこのまちの将来を憂えた。なぜなら、七人の商店街のリーダーのうち、自分の商店街を越えて中心市街地全体のことについて語ったのはたった一人だったからだ。あとの六人は異口同音に「うちの商店街」のことに終始してしまった。これでは中心市街地活性化どころか、隣の商店街との連携も図れない。中心商店街は衰退している。中にはすでに商店街としての体をなしていないところもある。自分の商店街のことだけ考えていてもどうしようもない状況において、それでもなお、自分の商店街のことしか考えられなくなっているリーダーたちが私たちの目の前に座っていた。

次に商店街の若手リーダーと意見交換をした。やはり同じだった。私たちは意見交換をする相手を変えた。「このまちをどうにかしたいという危機意識のある方を呼んでくれませんか」。次回のメンバーには商店街の人はひとりもいなかった。このまちでは商店街には多くを期待してはいけないのだ。衰退した商店街でも元気でやる気のある人たちがいるところもある。でもやる気の火が消えてしまった人たちに再び火をつけることは至難の業だ。

商店街間の連携はまだ多くない

一方で、商店街と商店街の連携が見事に図られているところもいくつかある。ツボ4で紹介した名古屋市中区にある大須商店街もそのうちのひとつだ。東西約六〇〇m、南北約四〇〇mで囲まれた区域内に八つの商店街がある。この八つの商店街が連携した組織である大須商店街連盟が主催となって実施するのが、商店街最大のイベントである「大須大道町人祭り」だ。商店街が束になって賑わいを作ろうとしている。

また、熊本市の中心市街地で繰り広げられる音楽の祭典「ストリート・アートプレックス」。郊外型の大型SCでは真似のできない独自の都市文化を根付かせることを目指して、中心市街地を舞台に音楽でストリートパフォーマンスを展開する魅力あるイベントだ。このストリート・アートプレックスを運営する実行委員会は、中心市街地にある上通商栄会、下通繁栄会、新市街商店街振興組合、熊本市中央繁栄会連合会、シャワー通り商店会、安政町商興会の六つの商店街から形成されている。もともと実力のあるこれらの商店街がこれまでは連携するというよりも、しのぎを削る関係であったが、郊外に大型SCが乱立することに危機感を持った若手が動いて中心商店街が連携して行うことになったものだ。

これらの商店街は、商店街同士あるいは個店同士が競争しつつ、一方で危機感を共有して連携すべきことは連携しながら生き残りを図ろうとしている。一方、今なお商店街間の連携が図れない中心市街地が多い。中心商店街は、恐らく郊外への大型SCの出店が始まったときに、環境の変化に気づき「反目から連携」に意識を変えなければいけなかったのかもしれない。しかし、過去のことを振り返っても何も戻ってはこない。今からでも遅くない。やる気と人財を「つなげる」意識があればまだ可能性はある。

3 「一〇〇円商店街」は魔法のような道具（山形県新庄市から全国各地に展開）

二〇一〇年四月の土曜日。大阪市旭区にある千林商店街で「一〇〇円商店街」が開催された。

通常の千林商店街（左）と 100 円商店街開催中の千林商店街（右）

開店と同時に商店街は買い物客で溢れかえっている。千林商店街は大阪でも元気のいい商店街として有名だが、いつもの土曜日の倍以上の買い物客が来ているだろうか。

子供服一〇〇円、厚揚げ三枚一〇〇円。ラーメン一〇〇円、合鍵も一〇〇円。理髪店では小学生の男の子のカットが一〇〇円ということで長蛇の列ができ、テレビの取材も入っている。不動産屋では仲介料と賃料一ヶ月分を合わせて一〇〇円という通常では考えられない価格の商品まで飛び出した。三〇分も経たずに一〇〇円商品が売り切れた店もある。それほどに消費者は「一〇〇円商店街」という商品に反応した。

今、各地で「一〇〇円商店街」が開催されている。「一〇〇円商店街」とは、「一〇〇円商店街」の開催日に参加する店が一〇〇円の目玉商品やサービスを店頭に用意して、集客を図ろうとするイベントだ。二〇一〇年一〇月末現在、一〇〇円商店街は全国で五〇カ所の市町村で実施され（商店街数ではさらに多くなる）、さらに増え続けている。そしてそのほぼ一〇〇％の商店街が集客アップ、売上アップを実現している。

大成功だったはずの山形県新庄市の全国民舞パレード

「一〇〇円商店街」は、二〇〇四年七月に山形県新庄市の新庄南本町商店

街で開催されたのが始まりだ。仕掛け人は新庄市役所職員の齋藤一成さんだ。齋藤さんは二〇〇三年に市役所の一職員として全国民謡民舞の祭典の企画運営を担当した。齋藤さんは企画の段階で、「全国各地から四〇団体以上が来て市民文化会館で踊るには会場が狭いから、商店街でパレードやりましょう」と提案した。その企画が通ってから準備に追われての五ケ月後のパレード当日。早朝から見物の場所取りを行う多くの市民の姿が商店街に溢れていた。そして最後の出演団体がパレードを開始。全国各地の踊りを新庄の駅前通り商店街の一㎞に凝縮して詰め込んだ瞬間だった。「イベントとしては大成功であったと思う」と齋藤さんは言う。実際にも集客量も非常に多かったし、見物に来ていたお客さんの表情もみんな笑顔だった。しかし、しかしである。パレードが通過した五分後の商店街は、齋藤さんたちが費やした膨大な時間や多くの市民の税金を投入した全国民舞パレードなどやってもやらなくても全く変わらないように、いつもどおりの「人っ子一人いない商店街」に戻っていた。「商店街でパレードをやった意味はなんだったのか？」「実は今まで携わってきたイベントは、そのほとんどが行政主導で行われてきた。まちづくりもしかりではないか」と齋藤さんは気づいてしまった。

大型店が撤退するまで中心市街地は持ち堪えられるか

一方、「商店街の店主たちは、商店街全盛期に不動産物件を多数所有するなど財を成しているので、不動産収入でメシが食えるから、やがて自分の商売に力が入らなくなり、そしてシャッター商店街と化していく」と齋藤さんは言う。これでは「お客さまが来ないから、店を閉める」のか、「店を閉めているから、お客さまが来ないのか」わからない状態だ。いずれにしても商店街の衰退に拍車がかかる。「この状態が蔓延していくと、商店街の様相はさながら〈ゾンビ化〉していく」と齋藤さん。シャッターの閉められた店ばかりが並ぶ商店街は「生きながら死んでいる」奇妙な状態であることを例えての表現だ。

このように商店主の気持ちが徐々に商店街活性化とは離れていく傾向にあるが、これまでも述べてきたように、都市にとって中心市街地はやはり必要なものだ。齋藤さんは「郊外の大型店が収支のデッドラインを超えて撤退するまで中心市街地が持ち堪えられるか。特に地方では、大都市圏よりも加速度的に少子高齢化が進むと予想されることから、早晩大型店の淘汰が始まることが必然ではあるが、最大の問題はそれまで中心市街地の体力が持つかということだ」という。地方都市にとって最悪の結末は郊外の大型店が撤退した時にすでに中心市街地の商店街も消滅していることだ。「商店街が残っていたとしても〈ゾンビ化〉していてはダメだ。そうなる前に中心市街地を変えなければ。それなのに私は無意味なことをしているのではないか？」。齋藤さんは自分自身で答えを探し始めた。

「大須商店街」と「ニコイチ」から産声をあげた「一〇〇円商店街」

「一〇〇円商店街」は齋藤さんの常日頃持っていた問題意識が凝縮されてできた産物だ。一〇〇円商店街が産声を上げるまでにはいくつかの出来事があったという。ひとつはツボ4で紹介した名古屋市にある大須商店街連盟への訪問だ。年間で大小三〇〇以上のイベントを企画・運営し「日本一元気な商店街」と言われていた大須商店街の新聞記事を見ての訪問。そこでは店主たちがお客さまへにぎわいのある掛け声をかけている姿があった。ふたつめは「ニコイチ（二個一）」だ。東京駅構内で見つけたキヨスクがプロ野球チームやスナック菓子の名前と掛け合わせて「ジオスク」「ハバスク」と名前を変えていた。

そして二〇〇四年の一月のある日の夜に齋藤さんが仲間たちと夜の商店街のアーケードを歩いているときの会話からついに一〇〇円商店街は産声を上げることになる。以下はそのときの会話だ。ひっそりとした商店街を歩きながら「ホントに人がいねえよにゃあ」「んだよにゃあ」「商店街は店頭でワゴンセールでもやったらいいど思わね？」「スーパーであったみでな一〇〇円均一セールみでな感じが？」「二〜三店やればそれなりに集まると思うぞ〜」「そんな二〜三店でなくて、どうせやるなら商店街全部の店に一〇〇円コーナーを出したら面白いべ！」。

名前は「一〇〇円」と「商店街」のニコイチ。商店街の全店に一〇〇円の商品を並べ、大須商店街のように店主たちがお客さまへにぎわいのある掛け声をかける。こんなことを新庄の商店街でやったらどうなるか。齋藤さんは「考えただけでワクワクした」と当時を振り返る。

「わかりました」と「かわりました」の大きな違い

以前お世話になった東京都下で二店舗のスーパーマーケットを経営していた社長から教えてもらった言葉だ。齋藤さんも全く同じようなことを言っている。「一〇〇円商店街と同じような企画を考えた人たちはほかにもいたかもしれない。しかしながら考えただけではダメで、その先に実施したかしないかで明暗を分ける。いくら素晴らしい企画でも、行動しなければ絵に描いた餅になってしまう」と。まさにその通りだ。頭で理解できても行動に移さなければそれは零点だ。行動することによって初めて状況が変化する。「わかりました」と「かわりました」のたった一文字の違いは決定的な違いなのだ。

なぜ今「一〇〇円商店街」なのか？

さて、一国一城の主とも言われ自己主張の強い商店街の店主を、自ら進んで「考える」方向に持っていくためにはどうしたらいいいか。齋藤さんが模索し続けて自分なりに出した答えは「儲けてもらうこと」だった。そして大きなカネを使わなくても自分の店には人が山ほど来ることを知ってもらうことだった。実際に「一〇〇円商店街」でかかる経費はチラシ代だけだと言う。だから齋藤さんは、「この事業は儲かること、そして、コストはほとんどかからないこと」を商店主に叫び続けた。あとはいかにお客さんが興味をひく一〇〇円商品を店主が用意できるかだ。これが唯一最大の差別化である。

ただし、一〇〇円商品で店を知っていただくことはできるが、単に一〇〇円商品が売れても利益には結びつかない。「一〇〇円商店街」では一〇〇円商品を店内で清算してもらう。お客さんをこれまで一度も踏み入れたことのない店内に誘導し、店の雰囲気や店にある一〇〇円商品以外の商品を知ってもらうのだ。個々の店の商品力や店員の接客力、陳列から照明に至るまで、店側の創意工夫によってお客さんの店に対する印象が変わり、店の売上や利益が異なってくる。

「一〇〇円商店街」は単にそれぞれの店舗の販促だけでなく、商店街全体の回遊性の向上に大きく貢献している。「一〇〇円商店街」は商店街全体がイベント会場と化すことになる。魅力的な一〇〇円商品を目指してお客さんは商店街を隅々まで歩き回る。それも苦もなく、むしろ自分のお好みの宝物を探すように楽しそうに積極的に歩き回ると言ったほうが適切な表現かもしれない。それほどに来街者にとって楽しいイベントが「一〇〇円商店街」である。

「一〇〇円商店街」どうしの連携

「一〇〇円商店街」は、当初は単一の商店街での取り組みとしてスタートしたが、大阪商工会議所の後押しもあって、今や全国で最も活発な地域になったと言っても過言ではない大阪市内では、商店街どうしの連携、協働が始まった。生野、九条、今里といった地域では六つの商店街が同時に「一〇〇円商店街」を開催し、回遊性の大幅な向上を実現させた。粉浜や王子でも四つの商店街が同時開催している。

一方、この「一〇〇円商店街」を実施している全国の商店街の連携事業として、各地の特産品を集めた商品カタログの作製、受注を開始した。連携事業の名称は「アンテナモール」。齋藤さんが代表をしているNPO法人AMP（アンプ＝山形県新庄市）が運営している。第一弾として、魚のすり身で作った「魚ロッケ（ギョロッケ）」（佐賀県唐津市）、「はっさく大福」（広島県尾道市因島）など、食品を中心に、秋田県能代市、熊本県宇土市など八商店街が地元の逸品を合計五〇～六〇品目選定している。店頭で受注してAMPへファクスを送信し、AMPが各商品のメーカーに連絡して購入者に直送してもらう仕組みだ。

「一〇〇円商店街」が言わんとすること

「一〇〇円商店街」を開催したほぼ一〇〇%の商店街が集客アップ、売上アップを実現しているのは事実だが、一〇〇円商店街に参加した全ての店の売上や利益がアップしたかといえばその答えは「ノー」だ。「一〇〇円商店街」はほとんどコストもかからず費用対効果が極めて高い事業であることは事実であるが、それぞれの店が効果を出すためには、自分たちが知恵を出さなければならない。「一〇〇円商店街」によって、長年商店街ができなかった「店前の通過客を店内まで誘導してくれる」ツールができた。「一〇〇円商店街」が店前の通過客と店をつないでくれたのだ。そして商店街を自然に回遊させることにより、店と店をつないでくれたのだ。あとは商人がやる気と知恵を出すだけだ。

なお、齋藤さんは二〇〇七年から中小機構の中心市街地商業活性化アドバイザーに登録され、全国を駆け巡っている。齋藤さんはこのアドバイザー制度を「数多くある制度のなかでも抜群に使い勝手がよく、最も大きな効果を上げることができる事業」と評している。制度は使われて初めて生きる。商店街の活性化に中心市街地商業活性化アドバイザー制度の積極的な活用を期待したい。

ツボ6　イメージアップと情報発信を意識する

みなさんは自分たちのまちをブランドとして考えたことがあるだろうか。もしまちをブランドとして考えたならば、そのブランドイメージをいかにアップさせるかということが視野に入ってくる。逆にそんなことを考えていなければ、そもそもまちのイメージアップをするという発想にはならない。情報発信も同様だ。情報発信の必要性を認識していなければ、メディアに紹介されたのはたまたまに過ぎない。ツボ6では、まちづくりにとって、イメージアップや情報発信を意識することがいかに大切なことであるかをいくつかの事例から示してみたい。

1　まちの「イメージアップ」と「マーケティング」（千葉県柏市）

初めて出合った言葉「まちをイメージアップする」

これまで全国の様々な地域でまちづくりに携わってきたが、「まちをイメージアップする」という言葉に出合ったのはこの柏市が初めてだった。後ほどやはり柏市の取り組みとして「まちをマーケティングする」というキーワードが出てくるが、この言葉も柏市で初めて耳にした言葉だった。正直に言えば、これらの言葉を聞いたときに「柏市の取り組みは綺麗な言葉が並べられているが、果たして真実はどうなんだろう」と思った。

しかしである。「まちをイメージアップする」と言う言葉は実はまちづくりを引っ張っていこうとするリーダーにとっては欠かすことのできないとても大切な視点であるのだった。

人はイメージにより行動する

「人はイメージにより行動する」とは、姫路市長で元立命館大学教授の石見利勝氏の言葉である。駅前商店街である柏二番街商店会の理事長で、中心市街地活性化の牽引役でもある石戸新一郎さんがこの言葉を確信したのは、横浜のベイエリアである「みなとみらい地区」を開発する際に行ったアンケート調査と、柏市が行った同様の調査の結果を比較したときのことだった。横浜は「住んでみたいか」や「買物に行きたいか」という項目で、いずれも高い支持を得たが、柏は横浜の足元にも及ばない。横浜と柏の差は何なのか。そこで石戸さんは先ほどの石見利勝氏の言葉を思い出す。「そもそも、二つの都市の持つイメージに大きな違いがあるのではないか」。そして石戸さんは思った。「これから何年かかろうとも、柏のイメージをアップする活動を続けていかなくては、柏のまちの〈格〉は上がらない。いくらいろいろなイベントや企画をしても、イメージの悪いまちでは、まちのにぎわいは継続しないのだ」と。

まちを愛する人づくりもできるのではないか？

石戸さんの想いはさらに広がる。「より良いイメージを創ろうとするまちづくり活動に若者や市民に積極的に参加してもらえば、街の抱える問題を彼らと共有できる。彼らもまちづくりに関して無関心ではいられなくなる。そして、活動に参加した結果、もし街のイメージが少しでもアップしたら、自分達がまちづくりに直接参加したという実感を持つことができる。参加して成功体験をするなかで、柏のまちを愛し、自分たちで街をよくしていく気持ちが芽生える。イメージアップに取り組むことにより、まちづくりだけでなくまちを愛する人づくりもできるのではないか」。

石戸さんらがイメージアップの必要性を訴えたときに、これに賛同する仲間が数多くいた。そして、この想いが一九九八年の「柏駅周辺イメージアップ推進協議会」の設立につながった。物事を成し遂げるためには、口先だけでなく目的を明確にした組織をつくることがとても重要だ。この組織こそ柏のまちの「イメージアップ戦略」の原点であった。

五年後、一〇年後に大きな差がつくイメージアップ戦略

柏市ではその後、「若者のまち」としてイメージアップを図るまちづくりを進めた。まち歩きのマップを作成したり、若手育成塾をしたり、まちなかでファッションショーをしたり、イチ押しのラーメン店を決めるイベントをはじめ、様々な活動を繰り広げた。

「イメージアップ」とはまちづくりに携わるみんなの気持ちをひとつの大きな方向に向けようとするものだ。目には見えないが精神的な支柱となるものだ。方向性が何もなければ様々な活動はバラバラな活動になりがちで、相乗効果は生まれにくい。まちの厚みというものも生まれにくい。一方、「イメージアップ」という言葉は、方向性は示すものの強制的ではなく「みんないっしょにそっちの方向を向いてやろうぜ」というぐらいの気楽さがある。大きな方向性を誤らなければあとは何をやってもかまわないというのが柏のまちづくりの本質であり、気楽さや自由度があるからそれぞれが自分の持ち味を発揮できる。個性

を活かせるまちづくりだ。

イメージアップと一言で言っても、まちづくりと同様にとても時間のかかる取り組みだ。イメージアップを意識したまちづくりとそうでないまちづくりでは、一～二年では差は出ないかもしれないし、もし差が出たとしてもその差はごく僅かであろう。しかし、五年後、一〇年後になったときにその差は埋めようもないぐらいに広がる可能性がある。

こうして柏市は「若者のまち」としてイメージアップを図ってきた。柏市のまちづくりのリーダーの石戸さんがやってきたことはひたすら「まちをイメージアップする」ことであった。柏のリーダーにはイメージアップ戦略を続けることが、将来必ず中心市街地の活性化につながることがわかっていた。

「まちをマーケティングする」という発想

「まちをマーケティングする」。柏市の「まちの駅」として二〇〇一年に柏駅前に設立された「かしわインフォメーションセンター（ＫＩＣ）」（以下、ＫＩＣ）の前事務局長（現在は㈱全国商店街支援センターの事業統括役）の藤田とし子さんから聞いた言葉だ。とても美しい響きのその言葉の意味をすぐには理解することができなかったが、話を聞けば、これが柏市のまちづくりの成功の秘訣であることがわかってきた。そしてそれは柏市だけでなく、どのまちでも活用できるものだということもわかった。

ＫＩＣは、柏市の玄関口である柏駅周辺で、日本人だけでなく外国人も目的地までの道順を尋ねてくるようになってきたこと、買い物以外にも話題の飲食店やお薦めのスポットなどを知りたいという声が増えてきたことから、まちのインフォメーション機能としてオープンした。ＫＩＣは、街あるきの情報ステーションとして来街者への道案内や観光・イベント情報のほか、ショッピングやグルメ、市民活動団体や各種相談ごとの窓口調べなど、あらゆる問い合わせに応えるワンストップステーションとしてスタートしたのだが、藤田さんは、ただ案内するだけではなく、立ち寄った人が何を聞き、どう答えたかを「ビジターズ・レポート」として全て記録した。来訪者の問い合わせや要望を記録することにより、まちに来た方々のニーズやウォンツが収集できる。これらのデータを整理すると、次にどのような事業に取り組めば来街者に喜んでいただけるかが見えてくる。過去にどのような対応をしたかも記録を見ればわかる。まさにマーケティングそのものだ。「この作業はＫＩＣにいながらにしてマーケティングを行っているようなものだ」と、日々のレポート作成のなかで藤田さんは気づいた。

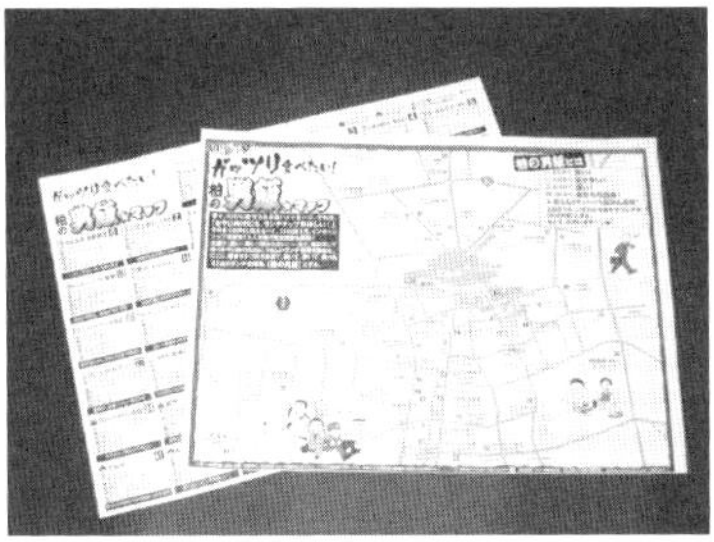

柏のまち歩きマップ

まちのニーズを「見える化」したまち歩きマップ

当初ＫＩＣは公的施設の色合いが濃く、どの店が美味しいとか魅力的だとかと言った、まちに訪れる人が最も知りたい個々の店の情報を発信することができなかった。しかし二〇〇三年にＮＰＯ法人格を取得したことにより、民間の視点から訪れる人が最も知りたい情報を積極的に発信できるようになった。そのひとつが、これまで蓄積していた来街者のニーズや情報を「見える化」したまち歩きマップだ。二〇〇三年に発行したラーメンマップ「ラーメンあんな店★こんな店」は、多数のサラリーマンの「おいしいラーメン屋を知りたい」という声を拾って作成した。多くの最も知りたいというニーズに応えるマップだから評判になるのは当然だ。このマップは一万部を発行する大好評のマップとなった。

また、同時期に発行した「Ura-Kashiwa　古着&雑貨MAP」は、細い路地にある個性的な古着屋や雑貨屋を取り上げた。マップの効果があったのか、若者の買物スポットとなっている裏カシ地区は二〇〇五年から二年ほどで、古着店は約三倍の二九店、新品の洋服を扱うセレクトショップは約二倍の三八店、雑貨店は約一・五倍の一八店、二年前はなかったカフェやカフェバーは一七店になったという。ターゲットごとにマップを作成することにより、様々な来街者をまちなかに回遊させることに成功している。

さらにニーズを拾い上げ次々と成功を生み出す

マップの置き場所にも工夫がある。マップは原則としてKICにしか置かないのだ。新聞の折込みや駅置きで一万部を捌くのではなく、マップを取りに来る人々からさらに情報を集めて、次の戦略を練るためにKICに取りに来ていただくのだ。こうやって来街者のニーズを把握して、そのニーズを分析して事業を実施するから、マップだけでなく様々なイベントも自ずと成功の確率も高くなる。次々と成功を生み出す仕組みこそが、柏のまちづくりの真骨頂である。

マーケティングとは、非常に簡単に言えば、「満たされない顧客ニーズを発見しそれを満たす活動」である。これまで柏市のように中心市街地全体をマーケティング志向で活性化しようとしてきた地域はほとんどない。やっていても商業ビルや商店街単位であったであろう。しかし、もはや中心市街地が商業ビルや商店街単体ではにぎわいを維持できない地域においては、マーケティング志向で中心市街地全体の活性化に取り組まないと成果が出ないのではないかと思う。

かしわインフォメーションセンター(KIC)は地域活性化の拠点

機能	役割
街のマーケティングリサーチセンター	情報収集からニーズを把握し、ニーズに基づいた情報発信を行う
街のシンクタンク	把握したニーズ、ウォンツを商店街や地域活性化策に反映し事業化させる
街の広告代理店	マスコミを活用し「話題の演出」と「情報発信」を行う
街のシナプス的役割	「情報を求める人」と「提供したい人」をつなぐ
街を思う気持ちを醸成するシビックプライドセンター	「街をよくしたい」「地域の活性化を願う」気持ちを醸成する

かしわインフォメーションセンター(KIC)の様々な役割

まちのインフォメーション機能であるKICは、来街者への道案内や観光・イベント情報を提供している「情報発信」基地だ。オープン当初からセンターの機能を構築してきた前事務局長の藤田さんは、このKICの役割・機能を次のように整理している。

藤田さんが常に「まちづくりはマーケティング」であると言っているように、KICの取り組みは、「マーケティング」そのものである。街に関する情報をKICに集約して戦略を練り次の展開につなげていく。上の表を見ると、KICが地域活性化の拠点として、実に様々な役割を果たしていることがわかる。

マーケティングの手法で現状を十分に分析しているから、ニーズやターゲットが明確になり事業の成功の確率も高まる。成功を積み重ねることによって、課題が絞られてくるから、次の事業もまた成功する。必ずしも全ての事業がうまくいっているとは限らないが、見事にPDCAのマネジメントサイクルでまちづくりを仕掛けているのだ(57頁参照)。

これは日頃からマーケティング志向で、「日頃の情報の蓄積」「来訪者のニーズとウォンツの把握」「マスコミとのネットワークの構築」「地元と若者をつなぐ意識」「次世代にまちづくりをつなぐ意識」を持ってまちづくりに取り組んできたことの表れであろう。

かしわインフォメーションセンター（ＫＩＣ）は街の広告代理店

このなかで、ＫＩＣは明確に「街の広告代理店」としての機能を大切な機能として位置づけている。日頃からマスコミとのネットワーク構築を図り、信頼関係を醸成することにより、時にはマスコミを頼り、時にはマスコミから頼られながら、話題の演出と情報発信をしているのが柏の取り組みの特徴だ。

一般的に、例えばイベントの場合、多くの地域では、開催結果の記事だけが新聞の片隅に小さく掲載されることが多いのではないだろうか。掲載されないよりは掲載されたほうがましだが、開催結果が掲載されて喜んでいてはだめだ。開催結果はイベントの集客には全く役立たないのである。一年後に行われるイベントまでこの小さな記事を覚えている読者は皆無だろう。だから開催結果よりむしろ開催告知の記事を載せてもらいたい。それも広告ではなく記事として取り上げてもらうことが重要だ。広告には多額の費用がかかるし、そして記事のほうが広告より客観性がある。柏の場合、日頃からマスコミとの信頼関係を醸成することにより、必ずと言っていいほど、開催告知を記事として取り上げられてきた。

企画段階からマスコミを絡める

柏の場合はそれだけではない。イベントの開催告知よりもさらに前の企画制作段階からマスコミを絡めるのだ。イベントを企画しているワークショップの風景、企画する者の想い、イベント準備の作業風景、作業をしている人々の苦労話など記事になるものはどこにでも転がっている。これらをマスコミに取り上げてもらうことにより、イベントの認知度の向上に寄与することは当然のこと、イベントのコンセプトの情報発信や作業風景などから伝わってくるイベントに対するワクワク感や作業しているメンバーのモチベーションの向上にも繋がってくる。メディアは、使い方によっては単にイベントの告知などの情報発信に留まらず、イベントの主催者側や裏方の意欲の向上にも役立つ優れものなのである。このようにメディアの活用方法は無限に広がっているが、その前提として日頃からマスコミとのネットワーク構築と信頼関係の醸成が必要であることはいうまでもないことである。

イベントの成否よりもメディアへの露出

柏の中心市街地活性化に長年取り組んでいる石戸新一郎さんはこう断言する。「イベントが成功するか失敗するかは問題じゃない。いかにしてそのイベント、さらには柏という商品をマスコミに露出させるか。それが一番重要だ」と。だから若手が企画したイベントが失敗しても決して責めることはしない。

石戸さんの言葉を私はこう解釈している。「イベントでいつも一〇〇点を取ろうとすることは難しいし、そんなことばかり考えていたら疲れてしまう。それにイベントを失敗した若者を責めたら彼らが育たない。イベントは成功するに越したことはないが、長い目で考えたら、むしろイベント一つ一つの成否に一喜一憂するよりもマスコミへどれだけ露出できたかを考えるほうがまちにとっては大事だ」ということなのだろう。

そして、マスコミを通じてまちづくりの取り組みを継続して情報発信をすることによって、必ずまちの知名度の向上が図られ、まちのイメージアップにつながると石戸さんは確信を持っている。また、石戸さんは、マスコミを上手に活用することは、結果として若手のやる気と能力を伸ばす有効な手段になる可能性があるということを私たちに教えてくれている。

柏から学び積極的に情報発信をする田辺のまちづくり会社

この柏から情報発信の重要性を学び、積極的に情報発信を展開しているのが、序章で紹介した和歌山県田辺市のまちづくり会社である南紀みらい株式会社の尾崎弘和さんだ。二〇〇九年にまち歩きマップである「甘☆夏ＭＡＰ」を作製した際にアドバイスをもらった柏の藤田さんからメディアの有効活用も伝授してもらった。では具体的にどのようなことをしたのか。

田辺のお菓子や飲食店を紹介
「甘☆夏map」好評

「甘☆夏 MAP」を紹介する新聞記事
(2009 年 8 月 7 日産経新聞)

尾崎さんがまず行ったのがマスコミとの信頼関係の醸成だ。記者クラブに頻繁に顔を出し、趣味の話やまちのこと、仕事のことなどいろんな雑談をするなかでお互いの関係を作っていった。信頼関係が醸成できたら、どんな小さなことでもいいから、藤田さんから作成のツボを教えてもらったリリース資料をマスコミに投げ込むようにした。最初のうちは記事があまりない日に掲載してくれることが多かったが、やがてこちらの期待するタイミングで記事を載せてくれるようになる。そして一からスタートしたメディアとの関係づくりが功を奏し、ついに新聞紙面に大きく取り上げられた。地道な努力が実を結んだのである。

2 マスコミとの付き合いを熟知しているタウンマネージャー(鳥取県米子市)

大手流通業で広報も担当

ツボ1で紹介した米子市でタウンマネージャーをしている杉谷さんの場合は、大手流通業にいたとき商品開発、経営企画、新規業態開発のほかに広報も担当していたことから、マスコミとの付き合い方を熟知していた。杉谷さんは、「そもそも記者クラブは敷居の高いものではなく、コミュニケーションをとればお互いにいい関係ができる」という。杉谷さんは地元の様々な記者やマスコミと付き合うなかで、地方の新聞、マスコミというのは基本的には「まちを元気にしていこうとかまちづくりについてはほぼ一〇〇%応援してくれる。記者たちは常に記事を求めている」ということがわかったという。

マスコミを通じてまちづくりの胎動を市民に伝える

それがわかってから、杉谷さんは意識的にそして積極的に記者クラブへリリース資料を投げ込んだ。例えば㈱法勝寺町の取り組みでは、事業そのものではなく会社の設立総会からリリースをスタートさせた。この会社の存在自体や関係者の会社に対する想いから取材して欲しかったからだ。当然、その後㈱法勝寺町が善五郎蔵をオープンさせるまで、ことあるごとにマスコミにリリースしていった。

市民からすれば、新聞やマスコミに取り上げられるということ自体がすごいことだと思う。また、複数の記事を見ることによって、まちづくり、中心市街地活性化に向けて、様々なことが動き始めていると思うであろう。「このマインドづくりが非常に大切だ」と杉谷さんは言う。

イベントを組み合わせることで記事に仕立てる

路地にある幼稚園の壁にウォールペインティングをするイベントも、路地周辺の人はそんなことが記事になるとは思ってもいない。幼稚園の壁のある路地は、唯一の百貨店である高島屋と四日市町商店街を連絡する役割があることから、まちづくりの視点から「このイベントによって高島屋から四日市町への回遊性が促進されることを意図しています」という内容をリリースした。さらに杉谷さんの場合は、一つ一つは記事に値しないようなイベントでも、他のイベントと同時開催することでイベントのつながりを持たせ、まちづくりがさらに進んでいるように演出していくことで記事に取り上げてもらうことに成功している。実際にウォールペインティングのお披露目に合わせて、マルシェin米子という欧州風の直売市をやることにした。

それぞれのイベントの参加者は個々のイベントが成功すればいいのだが、中心市街地活性化協議会のタウンマネージャーとしては、イベントをつなげることにより回遊性を向上させたいという想いがある。

このように杉谷さんは常にまちづくりのストーリーを考えてリリースをしている。新聞記者というのはある視点（ストーリー）で記事をまとめなければいけない。こちらは素材を用意して提供するだけで、素材をどうまとめていくかは記者が判断するのだが、杉谷さんはかつて広報部門にいた経験上、これとこれは素材として入れておいたほうが、記者が記事としてまとめやすいということがわかるという。こうすることにより記事に取り上げられる確率は高まり、同時に記者との信頼関係も高まっていく。

3　活性化を実現している地域の多くは情報発信もしっかり行っている

「北の屋台」も精力的に情報発信

屋台村の先駆者である北海道帯広市の「北の屋台」も、そのオープンに向けての戦略的な広報活動が事業の成否に大きく左右した。自分たちで撮影してきた世界中の屋台の写真六〇枚をパネルにして「世界の屋台写真展示会」を中心市街地の複数の場所で開催したり、「寒さ体感実験」の紹介などの大きな出来事からどんな小さな出来事までも、新聞各社、広報紙、ラジオ、雑誌など各種のメディアを通じて広報、啓蒙活動を行った。常に活動内容を公開して認知度を高めるとともに、市民の期待を高める努力をしていったのだ。その結果、一九九九年の二月に新聞に初めて掲載されて以来、二〇〇二年五月までの三年三ヶ月の間になんと延べ三七二回も記事として掲載された。実に三日に一回の頻度で新聞に取り上げられたことになる。現在の「北の屋台」もこの姿勢に変わりはない。「北の屋台は地域の情報発信基地なんです。だからお客様に接する店主に対しても教育が必要なんです」と語るのは、「北の屋台」を運営する北の起業広場協同組合（以下単に「組合」という）の専務理事の久保裕史さんだ。組合だけでなく屋台の店主一人一人が情報発信の重要性を理解して、自らも地域の情報を発信する大切な役割を担っていることを認識することが大切だという意味だ。「全体」である組合はメディアなどのツールを通じて情報発信し、「個」である屋台はお客様を通じて口コミなどツールを用いて地域や北の屋台のよさを情報発信をするということだ。

久保さんは情報発信の重要性についてこう語る。「まちづくりにゴールはないんです。メディアを通じて市民に対してまちづくりの取り組みを伝え続けることが大事だと思います。ありとあらゆる機会を活用してマスコミや口コミで伝播されるための努力をしないと小さな北の屋台は生き残れない。だから私たちは常に情報発信を意識しているのです」と。

長野市の「ぱてぃお大門」でもマスコミとタイアップして効果を高める

ツボ2で紹介した長野市のまちづくりも例外ではない。「ぱてぃお大門」では、建物の改装前後を取材してもらうなどドラマ性を持たせるなどの工夫もあり、NHKと民放四社のテレビ局が競って取材、放映してくれた。なかには三〇分の特番を組む放送局もあったという。また複数の雑誌も無料で長野の中心市街地や「ぱてぃお大門」を紹介してくれた。数字に表れない経済効果であるが、広告掲載料として換算すれば相当な金額になるであろう。すでに情報発信の重要性に気づいて積極的にマスコミなどへアプローチしている地域と、そうでない地域では同じ事業、同じイベントを実施しても効果が違ってくると思うのは私だけであろうか。

イメージアップと情報発信の大切さ

まちづくりや中心市街地活性化のためには、目の前にあるそれぞれの事業を着実に実行して成果を出していくことが何よりも必要だ。そのために各事業に懸命に取り組むことはとても大切であるが、その取り組みを外に向かって情報発信しなければ、その事業は外部からは認知されない。すでに「情報発信」の重要性に気づいている地域は、常に「いかに情報発信をするか」「いかに露出度を高めるか」を念頭に置きながらまちづくりを進めている。逆に、「情報発信」を積極的に行っていない地域や、その必要性に気づいていない地域は、事業の内容がいくら優れていても、思ったように集客ができなかったり、時には企画側の士気が上がらないようなことが起きる。

「情報発信」と一言で言っても、そのツールは口コミに始まり、チラシやＤＭなどの印刷物、新聞やテレビ、ラジオなどのマスメディア、近年ではインターネットの普及により、電子メールやブログ、また最近ではツイッターなどのソーシャルネットワークシステム（ＳＮＳ）が普及するなど実に様々だ。

これまで見てきたように、活性化を実現している地域の多くは情報発信もしっかり行っている。これらの取り組みを見ると、まちづくりにとって「情報発信」がいかに重要かがわかる。また、イメージアップという意識を持ってまちづくりに取り組んでいる地域はまだ少ないが、長い目で見たときにイメージアップは非常に重要なキーワードである。

私は、情報発信の一番の効果は、自分たちの取り組みや自分たちが参加したことを自慢できることではないかと思う。私たちはわがまちを自慢できる最も有効なツールを上手に使おうではないか。

ツボ7　不動産の所有者を巻き込む

中心市街地衰退の原因のひとつに、中心商店街に面する空き店舗が、そのまま放置される、解体撤去されて空き地や駐車場となってしまう、商店街に相応しくない業種が出店してしまう、家賃がバブル期の相場のままで入る店がないなどにより、商業地区としての魅力が低下してしまうことが挙げられる。

中心市街地が魅力ある商業空間として存続あるいは再生するためには、第1部で見たように、中心市街地を一つのショッピングセンター（以下、ＳＣ）のように見立ててマネジメントしていく方法が有効だ。そのためには、現状の中心市街地のように不動産の所有権あるいは使用権がバラバラでは、一体の商業ゾーンとして整備、再生することは難しく、所有権あるいは使用権をできるだけ一元化する仕組みを持ち込むことによって「点」ではなく「面」的に中心市街地をマネジメントできる可能性が高まる。

わが国の中心商店街、中心市街地の場合、土地や建物の多くは商店主自らが所有しているために、所有権を一元化することは金銭的な面からも、交渉の難易度の面からもハードルが高く、実現性は低いように思われる。それよりも、まずは不動産の使用権の一元化を目指すことがより現実的な選択であると考えられる。

1 不動産の所有と使用の分離による中心市街地の再生

「所有」と「使用」における中心商店街とＳＣの大きな違い

商店街は土地や建物の権利がそれぞれ別々なので、郊外のＳＣのように売場を一体的に運営（プロパティマネジメント）することは非常に難しい。売場配置で言えば、イオン出身で長野市の前タウンマネージャーの服部年明さんが言うように、商店街では婚約指輪を選んでいるカップルの入っている宝石店の隣に仏壇屋があったりする。このようなことは商店街では結構あるわけだが、ＳＣでは絶対にあり得ない。商店街の場合、仮に自分の隣が空き店舗になっても、自分の所有する建物でもなく、また商店街のものでもないから手の出しようも文句の言いようもない。業種も自分の商売と相性のいい業種に入ってもらいたいと思ってはいても、そんな店が入る確証はどこにもない。

組織面から見ても、大半の商店街は商店街振興組合や事業協同組合（以下、組合）という組織で、組合は議決権が組合員一人当たり一票だから、何を決めるにも株式会社のようにトップダウンでは決められず、意思決定に時間がかかりがちである。何もかもが郊外のＳＣとは全く異なる。

そもそも商店街が全盛の時代には、郊外にはＳＣはほとんどなく、ＳＣのような計画的にゾーニングされた売場は百貨店ぐらいで、宝石店の隣りに仏壇屋があるというようなことは、むしろ商店街ではよくある話であり、誰もそんなことは気にもしてなかった。

商店街再生問題と同様の問題を抱える市街地再開発事業の売場のリニューアル

商店街問題から少し離れるが、不動産の所有と使用ということで言えば、市街地再開発事業（以下、再開発）の商業売場（床）のリニューアルでも全く同じ問題に直面している。再開発をした当時は、地権者である商業者は、誰もが良かれと思って、新しくできた再開発ビルの商業ゾーンに自分の権利のある売場（権利床）を手に入れた。一方、新たに増やした売場（保留床）に核店舗となる大手量販店や中規模都市以上の都市では百貨店を誘致し、魅力的な商業集積が生まれた。ただし、不動産の権利関係だけを見れば、郊外のSCのように一体的な売場ではなく、多数の権利者の売場（床）が存在する立体的な商店街が完成したということになるのだが、当時はそのことが大きな問題になるとは思ってもいなかった。

その後再開発ビルのリニューアルをする時になると、この権利関係が邪魔をしてなかなか前に進まないことになる。床の権利が別の者に変わっている売場、廃業して別のテナントに貸したり空き店舗になっている売場などが発生し、オープン当初とは売場の権利関係が大きく変わってしまったからだ。権利者の床が細切れであればあるほど、権利者の数が増えるから問題は複雑化してくる。何事もいい時代には将来起きる問題は見えにくいものだ。このように再開発ビルの再生の難しさは、中心商店街、中心市街地の再生の難しさと同じ課題を抱えている。

商業の売場をマネジメントしていくという面から、商店街や再開発ビルの再生を考える時には、個人の権利よりも商業の売場を使用する権利を一元化することを優先してプランを考える必要があることを先例が教えてくれている。

国の示した再生手法の検討の方向性

経済産業省では、中心商店街区域の空洞化が発生しているのは、個々の商店主がそれぞれ不動産を所有し、経営することにより、結果的に商店街全体としての不動産面からも経営面からも一元的にマネジメントができないことに起因しているとし、二〇〇八年に不動産の所有と使用の分離による中心商店街再生手法を検討した。

この「不動産の所有と利用の分離とまちづくり会社の活動による中心商店街区域の再生について（中間とりまとめ）」によれば、基本的な再生手法は以下のとおりだ。

衰退した中心市街地が地域の需要に応じた個性的でコンパクトな商店街に再生するために、

①まちづくりを目的とした会社（以下、まちづくり会社）が個々の地権者等から空き店舗等の不動産利用権を集約し一体の資産として運用する。

②まちづくり会社が、これらの空き店舗、また場合によっては利用権を一元化した土地に、建物を整備する（空き店舗の場合は改修）。建物は従来の商店街のように所有を分離（区分所有）せずに、SCのようにまちづくり会社が一括で所有する。

③これら改修・整備した店舗・建物に、中心市街地に不足または充足すべき機能（例えば、商業、住居等の入居する複合的な機能）を誘致する。商業機能についてはー括してテナント管理（プロパティマネジメント）を行う。

というものだ。

「不動産の所有と使用の分離」とはどのようなことなのか

そもそも「不動産の所有と使用の分離」とはどういう意味であろうか。先ほどの経済産業省の中間とりまとめでは、「不動産の所有と使用の分離とは、不動産の有効活用の促進のため不動産の流動性を高める手法である」と定義付けている。具体的には、定期借地借家契約、信託契約等を活用し、土地・建物等の利用権を、実質的な所有権の帰属を変えずに、低・未利用の所有者から、利用能力の高い者に移転させることを言う。利用権は債権であるため、共同化、集約化等が容易であり、中心商店街区域のような、所有権が細分化した地域の土地利用の共同化を図る上でも有効であるとのことだ。

以下では、同報告書で先進事例として取り上げられているもののうち、香川県高松市の高松丸亀町商店街（A街区）と滋賀県長浜市の㈱黒壁を紹介したい。

2　「所有と使用の分離」による初の市街地再開発事業　高松丸亀町商店街A街区

二〇〇六年一二月。「高松丸亀町商店街市街地再開発事業」の先頭バッターとなる「壱番街」がA街区にオープンした。イタリアミラノのガレリアを彷彿させるガラスドームである「丸亀ドーム」を中心に、東館と西館の二棟から構成され、一階から四階には魅力的な商業空間が生まれた。計画着手から一六年の歳月を要したといわれるこの事業。そこには高松丸亀町商店街（以下、丸亀町）の皆さんのまちに対するそれぞれの様々な想いが集約されていた。

高松丸亀町商店街Ａ街区の風景／右側は丸亀ドーム付近

地権者も相応のリスクを負担して貰う仕組み

丸亀町の市街地再開発事業（以下、再開発）によるまちづくりの取り組みの秀逸さは、多くは都市計画や再開発の立場から検証される場合が多いが、私自身が若干ながらも丸亀町の商業活性化のお手伝いをした立場であることから、商業としての事業の成立性の立場からこの事業の素晴らしさをできるだけわかりやすく説明したいと思う。

商業活性化あるいは商業の成立性の立場から見て、従来の再開発と丸亀町の取り組みが決定的に異なるのは、商業床の価格を固定化せずに流動化することにより、商業者のみが最終的なリスクを全て負担するのではなく、地権者も相応のリスクを負担してもらう仕組みを作り出したことだ。この仕組みを作ったことにより商業が事業として成立する可能性のある床が生まれた。逆に言えば、丸亀町の場合はこの仕組みができていなければ商業者が入居できないような床賃料設定になってしまい、適切なテナントリーシング（誘致）ができなかった可能性が高かった。従来の再開発であったら地方都市高松市の丸亀町がこれほど魅力的な商業空間を創出することは難しかったのではないかと思う。

市街地再開発事業で発生する性質の異なる二つの床

建物の床の所有者の違い	再開発後の主な利用形態	再開発用語
・従来からの所有者の床 その敷地に従来から権利を持っている者(地権者や建物を所有する者)が所有する床	店舗（自営もしくはテナントに賃貸)、住宅	権利床
・新たな所有者の床 新しくその再開発ビルの床の権利を持つ者が所有する床	店舗（自営もしくはテナントに賃貸)、公共施設、住宅（多くは分譲)	保留床

事業としての採算性が取れない再開発計画が多い

あくまでも商業活性化の立場から、従来の再開発との違いについてもう少しわかりやすく説明してみよう。近年、従来の再開発の手法でまちづくりをしようとしている地域は、大都市やその近郊を除けば、計画はできるがそれ以上は進まないケースが多い。その唯一最大の理由は、再開発としての事業の採算性が取れない計画しかできないからに他ならない。

再開発は土地を高度利用して新たな都市空間を作り出す事業手法だ。低層の建物を壊し、新たに高層の建物を建設する。その建物（以下、再開発ビル）の床には二つの性質の異なった床が生まれる。一つはその敷地に従来から権利を持っている方々（地権者や建物を所有する者）の床である。もうひとつは、新たにその再開発ビルの床を所有して商売をしたり住んだりする方々の床である。前者については、従来の権利をそのまま移行することになるので事業の採算性には影響はしないのだが、後者については、巨額の工事費をこの床を売り切ることによって捻出することになることから、再開発の立場からすると、できるだけ高い価格で売り切ってしまいたいという想いがある。一方で新たに床を取得して入居する商業者はできるだけ安い価格で買いたい。この再開発をする側の「売りたい床価格」と商売をしたい側の「買いたい床価格」の差が広がれば

市街地再開発事業における「売りたい者」と「買いたい者」の想いの違い

床の売買（保留床）	事業主体	目的	再開発ビルのオープン
売りたい者	再開発組合	再開発ビルをできるだけ高く権利変換して（売って）事業を終了させたい	ゴール
買いたい者（商業の場合）	ディベロッパーもしくは商業者	できるだけ投資コストを抑えて商売をスタートさせたい	スタート

広がるほど、事業は困難になる。

では丸亀町のケースではどうだったか。丸亀町もまさに「売りたい床価格」と「買いたい床価格」の差で悩んでいた時期があった。そこから発想を転換できたのが丸亀町の凄いところだ。

再開発ビルの床価格は主に土地代と建物代から構成される。従来はこの床を購入する者は土地代と建物代を一括して購入するのが当然であったが、丸亀町の場合はそうはしなかったのだ。床の価格のうち土地相当分を賃借としたのである（不動産〔土地〕の所有と使用を分離した）。こうすることによって新たに床を所有して商売をはじめようとする者は、建物相当の床代のみ取得すればよいことになり、初期投資を低く抑えることが可能となった。さらに、地代を固定化せずに流動化させたから事業のリスクを商業者と地権者に分散させることに成功した。これが、「高松方式」が全国でも前例のない画期的な取り組みと言われる所以である。

高いハードルを超えて実現した「高松方式」の再開発

私が中小企業診断士としてまだまだ駆け出しの二〇〇〇年にこの丸亀町の事業計画をヒアリングする機会を得た。「壱番街」の床の一部を買い取って商業等複合施設を経営しようとするまちづくり会社である高松丸亀まちづくり㈱が、独立行政法人中小企業基盤整備機構と地元香川県の協調融資制度（高度化資金）を活用したいということで訪問したのだ。高度化資金の融資を受けるためには「診断」を受ける必要があり、私はその診断チームの一員として参加したのだった。当時のことは細かな記憶はないのだが、二つだけ印象的なやりとりが記憶に残っている。

一つは、再開発で新たに生み出される商業床（保留床）の価格が高すぎたことだ。市街地再開発組合（以下、再開発組合）は、再開発を実施し保留床を完全に売り切ると事業は完結するのでその時点で再開発組合は解散する。再開発組合は保留床を売り切ることが最大かつ最終的な使命だ。だから高く売れるに越したことはない。価額は覚えていないが、当時まちづくり会社が買おうとしていた保留床は商業の採算ラインには乗るレベルではなかったように記憶している。

もう一つは、地権者である商店主のうち、大多数の方が商売をやめて土地も手放す可能性があり、「これではまちの遺伝子がなくなってしまう。本当にそれでいいんだろうか」という議論をしていたように記憶している。

当然、この時点ではまだこの「高松方式」という画期的な手法は編み出されていなかった。その後、関係者の皆さんが「商業床としては高すぎる」「まちの遺伝子がなくなってしまう」という二つの課題を同時に解決しようするために必死に知恵を絞った。その結果、地権者がまちから出て行くのではなくまちに残り、かつ地代を固定させないで流動化させ商業床のコストを下げることにより、事業の成立性を担保することができた。私自身、従来の常識を超えた「高松方式」の再開発に一瞬でも関与できたことは非常に嬉しく思う。

「高松方式」が私たちに言わんとしていることは、何事も過去の常識に囚われないということなのではないか。中心市街地や再開発を取り巻く環境は大きく変わったのだから、これからの時代に合った制度や仕組みにしていくことはある意味当たり前のことなのだが、現実的にはなかなかそうはいかない。制度や仕組みに問題があるのであれば本来はそこから変えていく必要がある。特に制度や仕組みを作る側に求められるのは時代の先を読む能力だ。現状とあるべき姿にギャップがあればあるほど、制度や仕組みを変更しないことのシワ寄せは市民や商業者にいくことを肝に銘じる必要がある。変えるべき制度や仕組みは躊躇せずにできるだけ早く変えなければならない。

丸亀町の素晴らしい取り組みの後発隊が出てこない

丸亀町の再開発における「所有と使用の分離」は画期的な事業手法であり、高く評価されるべきものである。しかし、今後も「高松方式」が出てくるかと聞かれればその答えは「期待したい」にとどまる。

その理由は、ひとつは、特に地方の中心市街地では商業床に余剰が生じ、家賃相場が大幅に下落しており、再開発によって新たに生まれる商業床の家賃が現状の相場に見合わない可能性が高いと考えられることだ。

もうひとつは「高松方式」は、土地代をイニシャルコスト（初期投資＝買取）には乗せずにランニングコスト（借地料＝賃貸）に乗せ、さらに固定化せずに変動化させているということだ。この、土地代をランニングコスト化し、さらに流動化させるという、これまで誰もできなかった大きな二つのハードルを超えることは、地権者間の合意形成が極めて難しいと思われ、どこでも簡単にできることとは思えない。第二の「高松方式」が出てくることを「期待したい」のだがそう簡単ではない。

もう一点留意しなければならないのは、受け皿となるまちづくり会社のマネジメント能力だ。素晴らしい事業スキーム（仕組み）ができたとしても、実際にマネジメントをするのは「人」である。特に第三セクター（三セク）のような組織で取り組む場合は責任の所在が不明確になるケースが実に多い。具体的にはツボ1で述べたようにリーダーと参謀を誰がするかによって事業の成否が決まってくるといっても過言ではない。丸亀町では優秀な人材がまちづくり会社を運営していると聞くが、事業の成否には素晴らしい事業スキームとともに優秀な人材が不可欠であることを過去の多くのまちづくり会社の失敗から私たちは学ぶ必要がある。

3　不動産の所有と使用の分離による「黒壁」の店舗展開（滋賀県長浜市）

丸亀町のケースは、再開発において土地の所有と使用の分離をしたことがこれまでにない取り組みであった。これに対して、ツボ3でも紹介している長浜市のケースは、まちづくり会社である㈱黒壁が集客拠点となる「黒壁」周辺に点在する空き家、空き店舗の土地、建物を「面」的に買い取りまたは借り上げて店舗展開をしたことが評価されたものだ。

「黒壁銀行」の保存を目的とした「黒壁運動」が起源

まちづくりに興味のある方なら㈱黒壁の取り組みはご存知だろう。その長浜市の㈱黒壁によるまちづくりのスタートは、そもそも歴史的建造物である「黒壁銀行」（以下、単に「黒壁」という）の保存を目的とした「黒壁運動」が起源であった。一九八八年にはこの「黒壁」保存を目的に民間企業八社と長浜市の出資によって㈱黒壁が設立される。

翌一九八九年に㈱黒壁は、「黒壁銀行」を活用して「黒壁スクエア」として営業を開始した。その後一九九一年にはＪＲ北陸本線が長浜まで直流化して、大阪、京都方面から長浜までの直通電車が走ることになり、一気に「黒壁スクエア」の入場者数、販売額も増加し、営業開始から三年後にガラス事業を黒字化させた。

周辺の空き家、空き店舗を面的に活用して「黒壁」のイメージを確立する

㈱黒壁は一九八九年に「黒壁スクエア」の営業を開始して以降、「黒壁」を中心にその周辺の北国街道沿いの空き家、空き店舗の土地、建物を買い取りまたは借り上げて、シンボルである「黒壁」のイメージで統一的な外観に改装し、郊外とは異なった魅力的な商業空間を面的に整備していった。そして店舗や飲食店、美術館を直営したり、あるいは出店を望むテナントへの転貸をしていった。その数はおよそ一〇年後の二〇〇〇年までに直営店一一店舗を含む三〇店舗となる。ちなみにこれら㈱黒壁が誘致してきた店舗は、これまで商店街にはなかった商品を揃えた魅力的な店舗であった。

この三〇店舗もの空き家、空き店舗の土地、建物の買い取りや借り上げにおいて、一軒一軒の家主を説得する作業は困難を極める作業であったに違いない。また一方で地方都市である長浜がこれだけの店舗や飲食店をテナントリーシングするのも大変な努力があったであろう。その努力の結果、新たな市場を創出

し、これまでと異なる客層を集客するなど中心市街地を回遊する来街者が増え、中心市街地全体で七〇軒以上の空き家、空き店舗が店舗や飲食店として埋まった。

㈱黒壁の取り組みは古くて新しい取り組みだ。なぜなら、中心市街地活性化やまちづくりを目的としたまちづくり会社で、㈱黒壁のように一つの組織でこれだけの多店舗展開をした事例は他にないからである。その取り組みのスタートはすでに二〇年以上前になるが、今でも色褪せていない取り組みである。

不動産の所有と使用の分離

一方、㈱黒壁の取り組みを「不動産の所有と使用の分離」の視点からみれば、㈱黒壁は必ずしも「不動産の所有と使用の分離」の考え方を明確に意図していたわけではない。むしろ㈱黒壁が黒壁ブランドを多店舗化しようとした空き家、空き店舗の一部を借り上げたことが、結果的に「不動産の所有と使用の分離」になっていたと言う方が正しいであろう。

しかし、黒壁が「不動産の所有と使用の分離」を行っていなかったら、三〇店舗もの多店舗化は恐らく実現できなかった。

長浜のその後の展開

このように、㈱黒壁がデベロッパーとして一部に「不動産の所有と使用の分離」の視点を取り入れながらまちづくりを進めた結果、長浜市は最大年間二三〇万人の観光客が訪れ、二〇〇九年でも約二〇〇万人の観光客が訪れるまちとなった。観光地としての地方都市の発展の可能性を示唆したことは㈱黒壁の最大の功績であろう。

明治初期の町家を改装したホテル（左）と外観は町家風の新築のホテル（右）

㈱黒壁によるまちづくりで多くの観光客が訪れるようになった長浜。二〇一〇年にはこれまで不足していた宿泊機能を充足するために、「黒壁」から歩いて五分ほどのところに新たに複数の宿泊施設を整備した。明治初期の町家を改装したホテルと、外観は町家風で内装がモダンな新築のホテルだ。ホテルの名前は「季《とき》の雲ゲストハウス」。新長浜計画㈱が国の支援を受けて町屋を整備し、この町屋を借り受けた長浜市内のレストラン経営者が営業している。一方、長浜八幡宮の周辺のエリアでも神前西開発㈱がやはり国の補助を受けて、町屋を活用して店舗や工房、コミュニティセンターを整備した。

この複数の会社や商店街ごとによる事業展開について、長浜商工会議所から長浜まちづくり㈱に出向している吉井茂人さんは「事業目的ごとによる事業展開のほうが同時多発的にスピード感を持って推進することができる。そして、そのことによって事業のリスクも分散でき、まちへの再投資ができるようになりました」と話す。吉井さんの所属するこの長浜まちづくり㈱は、長浜市中心市街地全体をマネジメントしようとする会社で二〇〇九年にできた。これまで㈱黒壁頼りだったまちづくりから、長浜は一歩進んだまちづくりにステージアップしようとしている。具体的に言えば、それぞれのハードの投資は、これまでの㈱黒壁に加えて新長浜計画㈱や神前西開発㈱といった

周辺の建物を活用したケース　大丸心斎橋店（左）、大丸神戸店（右）

エリアごとに設立された会社がそれぞれ行い、中心市街地全体のマネジメントは長浜まちづくり㈱が行うというものだ。事業リスクを考えてハードとソフトを分離したのだ。これはハードの投資リスクがまちづくり会社の存続そのものに影響を与えないようにするために、㈱黒壁が抱えた課題から長浜が学んだ知恵でもあった。

4　「所有と使用の分離」の様々なケース

まちなか百貨店の店舗展開（百貨店が周辺の商店街店舗を活用するケース）

黒壁と同様の取り組みとして、百貨店が近隣の店舗や事業所を活用して面的な店舗展開をしているケースがある。大丸心斎橋店（大阪市）、大丸神戸店（神戸市）、高島屋玉川店（世田谷区）、鶴屋百貨店（熊本市）などだ。周辺の店舗や事業所の土地、建物を買い取りまたは借り上げて、百貨店の直営店舗として活用したり、テナントへの転貸などを行っている。大丸心斎橋店では、「百貨店の売場が手狭であること」「路面店である方が好ましいテナントがあること」「周辺に風俗店やパチンコ店が進出して〈百貨店〉ブランドが低下することは百貨店にとってプラスでないこと」などから戦略的にまちなかに足を伸ばしているようだ。

若者に人気のスポット・大名（福岡市）には既存の建物を生かしたショップが並ぶ

ゾーンとして古い建物を生かした取り組み

中心市街地エリアで不動産の所有と使用の分離により既存の建物をリノベーションして新たな商業ゾーンが形成されている例は、大都市から中小都市までいくつかの都市で展開されている。

ツボ5で取り上げた熊本市の上乃裏通りの既存の町屋を改修して魅力的なショップに再生していく取り組みも、建物の所有者はそのままで使用者（テナント）は新しく上乃裏に来た若者たちだ。裏ハラ（東京・原宿）、裏カシ（千葉・柏市）、大名（福岡市）、トアウェスト、乙仲通り（ともに神戸市）も裏通りにある既存の建物を活用した若者のショップが軒を連ねている。ツボ1の米子市の取り組みも同様だ。決して大きな都市とは言えない沖縄県石垣市や兵庫県篠山市なども、中心商店街ではなく周辺エリアの空き家、空き店舗に新たなショップが派生している。

これらの地域に共通しているのは、出店者のほとんどが若者であるということだ。若者は商店街の一等地に新築の店舗を出店することは難しい。しかし、商店街から一歩裏の通りの既存の建物であれば出店のハードルは一気に低くなる。いや、むしろ、若者たちは敢えて商店街の一等地ではなく、裏通りに店舗展開している。表通りにはない建物や通り自体のぬくもりと自分た

古民家を改装したショップ　石垣市内（左）と篠山市内（右）

ちの売りたい商品のテイストがマッチしているのだろう。この傾向を中心市街地の家主や地権者は早く理解したほうがいい。

これらの地域には個性的なショップが数多く集積し、その多くは個々には不動産の所有と使用の分離により既存の建物をリノベーションしているが、特定の組織が一元的にマネジメントしているわけではないことが㈱黒壁などと異なるところだ。若者たちはそのエリアの価値に気づき、自らのリスクで次々と出店をしたことで結果的に新たな商業集積が形成されている。次世代を担う若手の切磋琢磨の場でもあるといえるこれらの地域については、若者たちの個性を最大限発揮してもらうことを最優先に考えた場合、必ずしも㈱黒壁のように特定の組織が不動産を一元的に管理することだけが選択肢ではないと私は考えている。特定の組織が一元的にマネジメントしない良さもあるのではないかと思うのである。

5　不動産の所有者を巻き込もう

ここまで「不動産の所有と使用の分離」の必要性について述べてきたが、今、何より重要なのが、不動産所有者の意識改革だ。いくら我々が「不動産の所有と使用の分離」が必要だと叫んだところで、不動産所有者にその認識がなければそもそも「使用」することができないからだ。

空き店舗にするぐらいなら家賃を下げて埋まったほうがいい

長崎県の佐世保市の中心市街地にある四ヶ町商店街では長年空き店舗がほとんどない。中心市街地最大の不動産業の経営者が「空き店舗にするぐらいなら家賃を下げてでも埋まっていたほうがいい」という考えを持っているからだ。不動産所有者が現状に合った賃料設定ができれば、そして積極的に店舗に貸す姿勢を持っていれば、そもそも「不動産の所有と使用の分離」の考えを持ち込まなくてもまちのにぎわいを維持できる可能性が高い。佐世保の場合は、結果的に中心市街地最大の不動産業者の意向が賃料相場をコントロールすることになった。他の地域でも、不動産業者に対して、「中心市街地活性化のために家賃を下げる必要性があること」「長期的に考えればそのほうが不動産業としても収入が増えること」などを理解してもらうことにより、中心市街地全体の家賃相場が下がり、若者などの出店意欲が増す可能性が少なくない。それは熊本の上乃裏通りのように、表通りではなく家賃の安い裏通りに出店をする彼らの行動を見れば一目瞭然である。まず不動産業者は、借り手である出店者の立場に立って、彼らが出店できる家賃相場を理解することが、空き店舗を発生させないための第一歩である。

佐世保市の四ヶ町商店街

一方で、不動産所有者は安定した家賃や地代を得るために地価の下落を可能な限りくい止めたい。この際に重要な視点が、㈱アフタヌーンソサエティの清水義次さんの唱える「エリア価値向上」という視点だ。エリア全体の評価がそれぞれの不動産の評価につながるからだ。意識のどこかに「エリア価値向上」の考えを持っていることは、長期的にはとても大切なことである。

不動産所有者を同じ土俵に

ツボ5で紹介した一〇〇円商店街の仕掛け人の齋藤さんが『一〇〇円商店街の魔法』で商店街の地権者のことをこう述べている。「土地神話を今でも信じている元商人が今でも多い。元商人の多くは、所有する土地の地価が高騰することを楽観的かつ希望的観測のもと、今でも信じている。今後到来する少子高齢化時代において、土地はもはや供給が需要を大きく上回り、首都圏の一部を除いて地価が上がる要因は皆無と言っていい状況の中で。この意識は商店街を衰退させる一つの要因となっている。シャッター通り商店街でよくある話に、物件のオーナーが〈借りる人がいない〉と他者にその責任を転嫁したがることがある。しかし借りる人は存在するのだ。オーナーがテナント料金を下げさえすれば。〈一度安く貸してしまうと簡単には値上げできないから〉ともいう。現状を認識せずに将来を心配するとは実にオメデタイ」。

まさにそうなのだ。時代は大きく変わったのだ。不動産を新たに所有して商売をすることは商業者にとって極めて厳しい時代になった。特に商売が軌道に乗るまでは不動産を所有するという発想は皆無だろう。高い家賃を頂戴できた「いい時代」は恐らく戻ってこない。このように時代は大きく変わっており、商業者のみならず不動産所有者も今日から認識を改めることが中心市街地活性化のスタートなのではないかと思う。「不動産の所有と使用の分離」はまさにこのような時代を背景にして編み出された手法なのである。

終章

私と中心市街地や商店街との仕事での出会いは中小企業診断士になった一九九四年からだ。中小企業診断士になってからすぐに中小企業大学校東京校で中小企業診断士養成課程（商業コース）の担当研究員に就いた。当時の商業コースの一年間の研修の集大成は広域商業診断実習である。一ヶ月にも及ぶ実習の前半は広域診断、後半は商店街診断と個別の商店診断の実習を行う。広域診断では研修生四〇数名が、総括部会、都市機能部会、流通部会、消費者行動部会、街区機能部会、観光部会の六つの部会に分かれて診断対象都市を診断する。私はその中の都市機能部会の実習指導員を選択した。結局、人事異動で都市機能部会の実習指導員は二回しか経験できなかったが、その経験を通じて都市を俯瞰して見る癖が身についたのではないかと思う。しかし、今振り返ると、その当時から、今ほどたくさんではないが、郊外には大きなショッピングセンターがあった。中心市街地に確実に脅威は忍び寄っていた。

その後、中小企業診断士として商店街やショッピングセンターの診断を担当することになるのだが、私には二つの大きな出来事があった。それは阪神淡路大震災と新潟中越沖地震のふたつの大きな地震だ。甚大な被害に遭った現場に入り商店街や市場の方々と向き合った。阪神淡路大震災では神戸市新長田地区の市場と商店街、新潟中越沖地震では小千谷市の商店街の復興のお手伝いをした。私自身がお手伝いできたことは恐らくごくわずかであったが、まちで必死に生きていこうとする方々に自分のできる精一杯のことをしようと心から思った。

震災の後ほどではないにしても、今の地方の中心市街地は散々な状況である。そんな状況ではあるが諦めてしまってはおしまいだ。地域の魅力は何も中心市街地だけではないが、活気のない寂れた中心市街地しかないまちに住みたいと思う人がどれだけいるだろうか。立地したいという工場や事業所がどれだけあるだろうか。そう考えるとやはり中心市街地はまちの顔なのだ。私たちは、まずは中心市街地を取り巻く環境が激変し、よって中心市街地の役割が大きく変わったという認識を持つ必要がある。今までと同じやり方では再生はできないということを理解する必要がある。その上で、国のすべきこと、地方自治体のすべきこと、中心市街地活性化協議会など地元の関係者がすべきこと、商業者がすべきことを明確にする必要がある。もう曖昧は許されない。どうしたら中心市街地が再生できるかを課題解決型の思考で、制度、仕組み、組織を作り直し実行していかなければならない。

モノは買えても心の豊かさは郊外では買えない。私たちは、私たちの子供や孫たちが「このまちに住んでよかった」と心から思えるようなまちづくりを目指さなければならない。それが私たちに与えられた責務である。

ただし、まちづくりはむずかしい顔をしていたらだめだ。むずかしい顔をしていてもにぎわいは戻らない。課題は多くても、ハードルは高くても、まちに笑顔を取り戻すために私たち自身が、明るく、楽しく、笑顔でまちづくりをしようではないか。

おわりに

今回出版できたのは、何よりも私の職場である独立行政法人中小企業基盤整備機構の前田正博理事長をはじめ、上司、同僚の方々のお陰である。職場の理解なしには出版は不可能であった。心から感謝したい。

今回の出版にあたり本の推薦をしていただいた流通科学大学の石原武政教授には日頃から気軽に接していただき感謝の言葉もない。今回も気軽に「いいよ」と推薦文を書いてくださった。前著『失敗に学ぶ中心市街地活性化』（学芸出版社）でご一緒させていただいたお二人にも大変お世話になった。関東学院大学の横森豊雄教授には二〇〇六年に英国にご一緒させていただき、マンツーマンで英国の取り組みを教えていただいた。あの凝縮された英国での一週間は何事にも変えられぬ経験であった。中小機構で中心市街地サポートマネージャーをしていただいている久場清弘先生は、私が初めて診断の現場にデビューしたとき以来、ずっとお付き合いしていただいている。日頃から温かい目で私を見守ってくださっている。

次に、この本で紹介させていただいた事例に登場するみなさん全員にお礼を述べたい。私がこの本を書こうと思ったのはみなさんがいたからだ。「みなさんの取り組みや想いがひとつになれば素晴らしいものになるかも知れない」。そう思ったからに他ならない。みなさんの素晴らしい取り組みが輝いたものとして表現できていたらこれ以上の喜びはない。なお、ここに紹介した地域以外にも取り上げたい事例がいくつもあったが、紙面の関係で紹介できなかったのは心残りである。

また、全国のまちづくりの仲間にも感謝したい。この本に登場するみなさんは全国のまちづくりの仲間が紹介してくれた方々だ。みなさんのお陰で書くことができたと思っている。とりわけ三年ほど前に大阪に来てから、関西のまちづくりのみなさんには本当にお世話になった。特に近畿中心市街地活性化ネットワーク研究会のみなさんには感謝の気持ちで一杯である。この研究会は、近畿版のATCM（英国TCM〔タウンセンターマネジメント機関〕の全国ネットワーク）ができればと私が思っていたところ、尼崎市役所の梅村仁さんと近畿経済産業局の福田利治さんのお陰で組成できた。会長の東朋治さんをはじめ、研究会の役員のみなさんや職場の後輩の古川荘太郎君、松永秀人君、川治恒紀君がいなければ研究会は運営できていなかった。

学芸出版社の前田裕資さんと編集の岩崎健一郎さんにはこのような機会をいただき、感謝の言葉もない。最後に、陰でしっかりと応援してくれた妻かほりと長男裕史と長女はるかに心から「ありがとう」と言いたい。

二〇一一年二月

単身赴任先の大阪緑地公園の自宅より

【参考文献】

●「平成二一年度中心市街地商業活性化サポート事業報告書（C型サポート／田辺市）」中小企業基盤整備機構近畿支部、二〇一〇年
●「街元気　まちづくり情報サイト　第三回〈甘☆夏ｍａｐ〉〈イケ☆メンｍａｐ〉（和歌山県田辺地区・前編・後編）」経済産業省、二〇一〇年　https://www. machigenki. jp/content/view/477/315/　https://www. machigenki. jp/content/view/481/315/
●横森豊雄・久場清弘・長坂泰之『失敗に学ぶ中心市街地活性化』学芸出版社、二〇〇八年
●矢作弘・瀬田史彦編『中心市街地活性化三法改正とまちづくり』学芸出版社、二〇〇六年
●「熊本市中心市街地活性化基本計画」熊本市、二〇〇七年五月
●石原武政・西村幸夫編『まちづくりを学ぶ』有斐閣ブックス、二〇一〇年
●宗田好史『中心市街地の創造力』学芸出版社、二〇〇七年
●『中小企業大学校関西校「商業診断基礎」演習』中小企業基盤整備機構、二〇〇九年
●土肥健夫『中心市街地活性化マニュアル』同友館、二〇〇六年
●石原武政・加藤司編著『地域商業の競争構造』中央経済社、二〇〇九年
●「青森市中心市街地活性化基本計画」青森市、二〇〇七年二月
●山本恭逸編著『コンパクトシティ　青森市の挑戦』ぎょうせい、二〇〇六年
●「中心市街地活性化基本計画の二〇〇九年度フォローアップに関する報告」内閣府地域活性化推進室、二〇一〇年
●横森豊雄『英国の中心市街地活性化』同文館、二〇〇一年
●杉谷第士郎「米子における中心市街地活性化〈にぎわいトライアングル〉の取り組みについて」（発表資料）二〇一〇年九月
●「熊本城東マネジメント 公式サイト」熊本城東マネジメント株式会社、二〇一〇年　http://www. kjmc. jp/
●一般社団法人エリア・イノベーション・アライアンス「ＡＩＡ公式サイト」二〇一〇年　http://www. areaia. jp/
●『常吉村営百貨店通信』常吉村営百貨店、二〇〇七年一二月
●『京丹後市体験プログラム総合ガイド』京丹後市観光協会、二〇一〇年三月
●川口和正「住民運営の〈百貨店〉で農村地域の暮らしを守る」『企業診断』五七巻五号、同友館、二〇一〇年五月
●『徒歩圏内マーケット設立マニュアル』熊本県商工観光労働部商工政策課、二〇〇七年一二月
●荒尾まちなか研究室「視察資料」二〇一〇年
●『まちづくり会社がまちを動かす！』経済産業省、二〇一〇年二月

●二〇一〇年五月一六日付朝日新聞記事「買い物・細る命綱」
●「奈良もちいどのセンター街作成資料」二〇〇七年四月
●『商業集積における飲食店の指導上の留意点（事例編）・富士宮市「やきそばによる地域活性化」』中小企業基盤整備機構、二〇〇五年三月
●富士宮やきそば学会ホームページ　http://www. umya-yakisoba. com/contents/siru/
●静岡県富士県行政センター『まちおこし麺許皆伝　富士宮やきそば成功の秘訣』二〇〇三年二月
●㈱しずおかオンライン『富士宮やきそば公式ガイドブック』二〇〇三年七月
●㈱地域デザイン研究所「やきそばのまちおこし活動による経済波及効果」　http://www. umya-yakisoba. com/siryou/hakyuko. pdf
●長浜市「長浜市中心市街地活性化基本計画」、二〇〇九年六月
●角谷嘉則『株式会社黒壁の起源とまちづくりの精神』創成社、二〇〇九年
●吉井茂人「歴史的要素と個性的なまちづくりの経過」（発表資料）、二〇一〇年
●出島二郎『長浜物語　町衆と黒壁の一五年』ＮＰＯ法人まちづくり役場、二〇〇三年
●尼崎中央・三和・出屋敷商業地区まちづくり協議会／㈱ＴＭＯ尼崎『ＭＩＡ（Made in Amagasaki）ニュース』vol.04」二〇〇九年三月
●藤澤安良作成テキスト「体験型観光のすすめ」独立行政法人中小企業基盤整備機構近畿支部主催観光ビジネスセミナー、二〇一〇年
●第三回ＪＴＢ交流文化賞　受賞作品紹介　http://www. jtb. co. jp/koryubunka/koryubunkasho/03/bunka_02.asp
●関西ウォーカー編集部「完全公式ガイド　ＯＳＡＫＡ旅めがね Walker」『Kansai Walker』一七号、二〇〇九年
●「水都大阪二〇〇九クルーズ＆ウォーク（大正エリア）」　ＯＳＡＫＡ旅めがね、二〇〇九年
●経済産業省「がんばる商店街七七選・ストリート・アートプレックス実行委員会（熊本市内六商店街）」
http://www.chusho.meti.go.jp/shogyo/shogyo/shoutengai77sen/nigiwai/8kyuushu/1_kyuushu_29.html
●経済産業省「がんばる商店街七七選・大須商店街連盟」
http://www.chusho.meti.go.jp/shogyo/shogyo/shoutengai77sen/nigiwai/4chuubu/1_chuubu_19.html
●下町レトロに首っ丈の会「下町レトロ地図」二〇一〇年
●山下香作成「第四八回神戸商業を考える会　レジュメ」二〇一〇年三月
●「企業未来!・チャレンジ二一、　線から面へ　通りから街へ～中心市街地活性化の取り組み（熊本市）、　ＤＶＤ」中小企業基盤整備機構、二〇〇七年
●「実効性確保診断報告書（熊本地域）」中小企業基盤整備機構、二〇〇六年

●金丸弘美『田舎力』NHK出版、二〇〇九年
●齋藤一成『一〇〇円商店街の魔法』商業界、二〇一〇年
●坂本和昭『北の屋台　繁盛記』メタ・ブレーン、二〇〇五年
●「商業集積における飲食店の指導上の留意点（事例編）・屋台村「北の屋台」』中小企業基盤整備機構、二〇〇四年
●「不動産の所有と利用の分離とまちづくり会社の活動による中心商店街区域の再生について（中間とりまとめ）」経済産業省・中心商店街再生研究会、二〇〇八年三月
●「高松丸亀町商店街　再開発と商店街一六年目の結実」『商業界』六〇巻六号、二〇〇七年
●「平成一八年度実効性確保診断事業報告書（佐世保地域）」中小企業基盤整備機構、二〇〇七年

【著者紹介】

長坂泰之（ながさか　やすゆき）

1963年生まれ。1985年中小企業事業団（現独立行政法人中小企業基盤整備機構）入団。1994年中小企業診断士登録。中小企業大学校において、中小企業診断士養成研修の企画、講義、実習指導（個店、広域商業診断等）、タウンマネージャー養成研修などの中心市街地、商業関連の研修の企画、講義を経て、全国各地の中心市街地、商店街、ショッピングセンター、個店の診断を多数実施。また、英国でのタウンマネジメントに関する調査のほか、各地（国内多数、韓国）で中心市街地活性化などに関する講演多数。2012年3月現在、独立行政法人中小企業基盤整備機構地域経済振興部コンサルティング課長（高度化診断担当）兼主任研究指導員（高度化診断担当）兼参事（まちづくり、中心市街地担当）兼震災緊急復興事業推進部参事（震災復興担当）。タウンプロデューサー（経済産業省）、地域活性化伝道師（内閣府）。編著に『100円商店街・バル・まちゼミ』（学芸出版社、2012年）、共著に『失敗に学ぶ中心市街地活性化』（学芸出版社、2008年）。

メールアドレス：nagasaka_nigiwai@yahoo.co.jp
ツィッター：naga_28

中心市街地活性化のツボ
今、私たちができること

2011年4月1日　第1版第1刷発行
2020年7月20日　第1版第4刷発行

著　者………長坂泰之
発行者………前田裕資
発行所………株式会社学芸出版社
京都市下京区木津屋橋通西洞院東入
電話 075－343－0811　〒600－8216
装　丁………古都デザイン
印　刷………イチダ写真製版
製　本………山崎紙工

ISBN 978－4－7615－2510－1

失敗に学ぶ中心市街地活性化

英国のコンパクトなまちづくりと日本の先進事例

横森豊雄・久場清弘・長坂泰之 著　A5 判・224 頁・定価 2520 円（本体 2400 円）

なぜ旧まちづくり三法は中心市街地を再生できなかったのか？日本より十年早く郊外化を経験したが優れた政策で中心市街地の再生に成功した英国の経験は改正まちづくり三法にどこまで活かされたのか？法改正後の課題を明示し、長野、日向、青森、宮崎、柏の先進的な取り組みを徹底検証、コンパクトなまちづくりへの道を探る。

米国の中心市街地再生

エリアを個性化するまちづくり

遠藤　新 著　B5 変判・128 頁・定価 3150 円（本体 3000 円）

70 年代には荒れ果てていた中心市街地が、いまや歴史地区、芸術地区、商業地区等の多様なテーマ地区として再生した。それは、行政主導の再開発公社やコミュニティベースの街づくり組織等が、長期的な計画のもと、ハード・ソフトの両面から柔軟に仕掛けたことが奏功した。米国の地方都市を丁寧にフィールド調査し、詳述する。

衰退を克服したアメリカ中小都市のまちづくり

服部圭郎 著　A5 変判・208（カラー 32）頁・定価 2310 円（本体 2200 円）

モータリゼーションによる生活圏の広域化、グローバリゼーションによる画一化により日本の中小都市はいま危機的状況にある。同様の課題を抱えながらも、将来ビジョンをもって市民が主体的に関わることで、小さいながらも質の高い生活環境を実現したアメリカの 5 つの事例から、地域独自の生活の質を実現する都市戦略を学ぶ。

中心市街地の創造力

暮らしの変化をとらえた再生への道

宗田好史 著　A5 判・296 頁・定価 3360 円（本体 3200 円）

中心市街地はなぜ衰退したのか。都心が硬直し、消費者の変化に敏感な新しい起業者の参入を許さなかったからではないか。本書はまず市民の変化を消費、家族、労働の面から捉え、次に都心再生への端緒を掴んだ京都を事例に、街がどう呼応したかを見た。商店街救済や再開発ではなく、市民の創造性を活かす都心への大転換を提言。

ドイツの地方都市はなぜ元気なのか

小さな街の輝くクオリティ

高松平藏 著　四六判・224 頁・定価 1890 円（本体 1800 円）

独立意識の高いドイツの地方都市には、アイデンティティを高め、地域を活性化させる経済戦略、文化政策等が充実している。地元の住民や企業、行政もまちの魅力を高め活用することに貪欲だ。中小都市の輝きはいかに生みだされるのか。都市の質はいかに高められるのか。エアランゲン市在住の著者がそのメカニズムを解き明かす。

創造性が都市を変える

クリエイティブシティ横浜からの発信

横浜市・鈴木伸治 編著　A5 判・256 頁・定価 2100 円（本体 2000 円）

グローバル経済に呑み込まれず、我が都市らしさを起点に、市民一人一人の創造性を高め、成長一辺倒とは異なる真の豊かさをいかに創ってゆくのか。ピーター・ホール、ジャン＝ルイ・ボナン、福原義春、吉本光宏、篠田新潟市長、林横浜市長ら、世界の論客とリーダーが、芸術、産業、まちづくりの視点から創造都市を熱く語る。